中国式有机农业
（设施蔬菜持续高产高效关键技术研究与示范项目成果、
河南省大宗蔬菜产业技术体系专项资助）

有机茄子
高产栽培流程图说

马新立　李贞霞　王天喜　光立虎　著

科学技术文献出版社
SCIENTIFIC AND TECHNICAL DOCUMENTATION PRESS
·北京·

图书在版编目(CIP)数据

有机茄子高产栽培流程图说 / 马新立等著. —北京：科学技术文献出版社，2013.9

（中国式有机农业）

ISBN 978-7-5023-7682-6

Ⅰ. ①有… Ⅱ. ①马… Ⅲ. ①茄子－蔬菜园艺－无污染技术－图解 Ⅳ. ① S641.1–64

中国版本图书馆 CIP 数据核字（2012）第 314105 号

有机茄子高产栽培流程图说

策划编辑：周国臻　责任编辑：周国臻　责任校对：梁桂芬　责任出版：张志平

出 版 者　科学技术文献出版社
地　　址　北京市复兴路15号　邮编 100038
编 务 部　（010）58882938，58882087（传真）
发 行 部　（010）58882868，58882874（传真）
邮 购 部　（010）58882873
官方网址　http://www.stdp.com.cn
发 行 者　科学技术文献出版社发行　全国各地新华书店经销
印 刷 者　北京金其乐彩色印刷有限公司
版　　次　2013 年 9 月第 1 版　2013 年 9 月第 1 次印刷
开　　本　850 × 1168　1/32
字　　数　55千
印　　张　3.5
书　　号　ISBN 978-7-5023-7682-6
定　　价　16.00元

2009 年 5 月 15 日，全国生态产业化国际发展委员会副主任孔庆华（左三）在山西省农业厅微生物专家、国务院特殊津贴专家张仝（左一）、北京《蔬菜》杂志科技顾问马新立（左二）的陪同下，调研山西省新绛县利用地力旺 EM 生物菌液生产的有机肥在作物上的增产原理和作用，并说："新绛的做法太有意思了。"

2012 年 10 月 13 日，山西省新绛县组织的"一村一品、惠及农民"展示会上，县委书记邓雁平（右三）、县长田艺彬（左一）、副县长王俊胜（左三）听取横桥乡党委书记黄山石（右一）介绍用生物集成技术生产的茄子等有机蔬菜

2013 年 6 月 26 日，“中国式有机农业优质高产栽培技术”成果在北京通过鉴定，该项技术被评为“国内领先科技成果”。图为鉴定委员会成员在对该项技术成果进行讨论、论证

2012 年 10 月 15 日，国务院《三农发展内参》办公室主任董文奖（右二）与中国农科院研究员刘立新（左二）、山西省临汾市尧都区汾河氨基酸厂厂长王天喜（左一）在该厂考察生物技术设备、生产用菌剂，并了解用生物技术种植农作物等实际情况

2012 年 6 月 12 日，西北农林科技大学土肥专家田家驹（左二）、山西省临汾市尧都区汾河氨基酸厂——地力旺 EM 生物菌厂总经理刘青（右二，13700583151）与陕西省农业技术推广总站研究员司纲纪（右一）在陕西省永春县甘林镇南邵村马志海西红柿大棚内观察西红柿苗期用地力旺 EM 生物菌液蘸根和叶面喷洒后，秧子没有病虫害，果大、色艳、口感好，每个重 250 ～ 300 克，一茬产量较化学技术增产 80% 以上，667 平方米产 1 万余千克

2009 年 5 月 15 日，新加坡微生物博士林钟宇（左）到山西省新绛县南张村了解生物技术在农业上的增产效果（右为马新立）

2010 年 11 月 3 日，马新立（右二）在陕西杨凌美庭示范园与国家可持续发展委员会会长（原国务院发展中心）魏志远（左一）、台湾两岸农业开发有限公司董事长翟所强（右三）和副总经理金忆君（右一）讨论生物有机农业技术的规划和应用

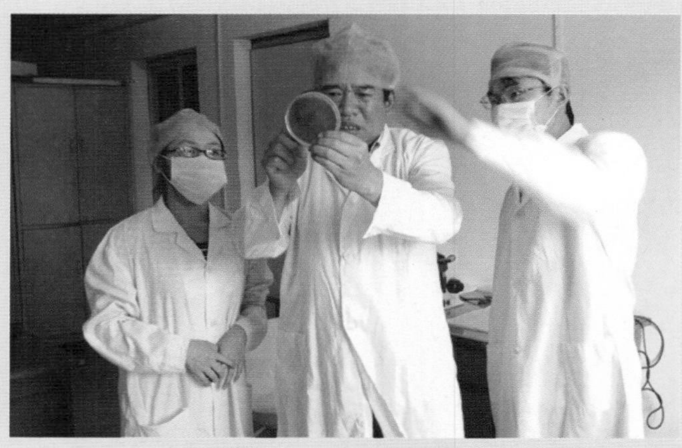

山西省临汾市尧都区汾河氨基酸厂厂长王天喜（0357-2682734,13935954781）与团队科研人员在提肥复壮益生菌，由一般水平高密度菌每克含量 5 亿左右提高到每克含量 1000 亿，农业生产用菌由一般的 2 亿提升到 20 亿以上，在农业生产应用上取得十分优异的效果

防治根结线虫的淡紫拟青霉菌

山西省临汾市尧都区汾河氨基酸厂生物菌发酵装置

有机产品认证证书

证书编号：106090F0444R2M

兹证明

新绛县绿色食品发展中心

下述产品的生产，符合以下有机产品标准的要求，特发此证

GB/T19630.1-2005 生产；

GB/T19630.3-2005 标识和销售　　GB/T19630.4-2005 管理体系

产品种类	基地名称	面积	产品数量	标志使用数量	标志使用方式
见附件	见附件	见附件	见附件	不使用	不使用

有机产品认证的类别：种植养殖

颁证日期：2009年09月11日　　有效期至：2010年09月10日

初次颁证日期：2007年11月16日

CHTC　CNAS

总经理：

北京五洲恒通认证有限公司

2005 年 12 月 28 日，山西省新绛县作物有机认证面积达 3133 公顷，蔬菜产品行销日本、美国、俄罗斯、韩国等 6 个国家及我国港澳地区

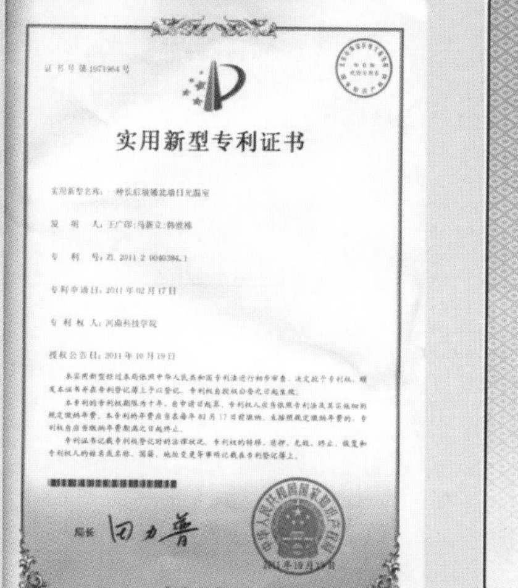

证书号第1971964号

实用新型专利证书

实用新型名称：一种长后坡矮北墙日光温室

发　明　人：王广印；马新立；韩世栋

专　利　号：ZL 2011 2 0040384.1

专利申请日：2011年02月17日

专 利 权 人：河南科技学院

授权公告日：2011年10月19日

局长　田力普

作者之一马新立设计的生态温室——一种长后坡矮北墙日光温室 2011 年 10 月 19 日被国家知识产权局授予实用新型专利

出口植物源性食品原料种植基地检验检疫备案证书

备案基地名称：（西红柿、白菜、娃娃菜、胡萝卜）种植基地

基　地　地　址：山西省新绛县西行庄

备案基地编号：140004SC00001

东莞市润丰果菜有限公司：

经审查，你公司上述出口种植基地符合出口植物源性食品原料种植基地检验检疫备案要求，予以备案。

本证有效期：叁　年

二〇〇八年十二月十六日

山西出入境检验检疫局　印制

山西省新绛县发展生物有机蔬菜被列为供港蔬菜基地，2008 年 12 月 16 日，被山西省进出口检验检疫局认定为符合出口植物源性食品原料种植基地，并发了备案证书

中华人民共和国国家知识产权局

710065

2010年12月10日

专利申请受理通知书

申请日：2010年12月10日

马新立研究的生物集成技术——一种有机蔬菜的田间栽培方法，2010年12月10日，被中华人民共和国国家知识产权局受理为发明专利。2011年8月3日通过互联网向全世界公布

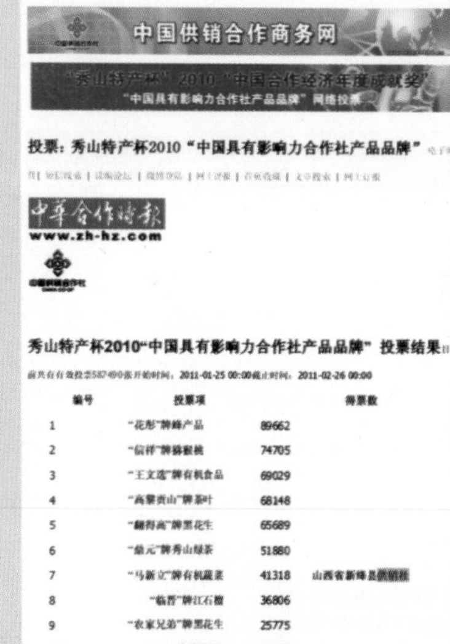

投票：秀山特产杯2010“中国具有影响力合作社产品品牌”

秀山特产杯2010“中国具有影响力合作社产品品牌” 投票结果

2011-01-25 00:00 2011-02-26 00:00

编号	投票项	得票数	
1	“花彤”牌蜂产品	89662	
2	“信祥”牌猕猴桃	74705	
3	“王文选”牌有机食品	69029	
4	“高黎贡山”牌茶叶	68148	
5	“翻得高”牌黑花生	65689	
6	“鼎元”牌秀山绿茶	51880	
7	“马新立”牌有机蔬菜	41318	山西省新绛县供销社
8	“临晋”牌江石榴	36806	
9	“农家兄弟”牌黑花生	25775	
10	“圣吉康”牌鲜蛋	20964	

2011年3月，“马新立牌有机蔬菜”在中华全国供销合作总社组织的“秀山特产杯”2010“中国具有影响力合作社产品品牌”评选中，排名第七

前言 Preface

现今，国内外对食品安全的要求十分迫切，但普遍认为有机农业是不用化肥和化学农药的，作物产量受到影响会下降20%～50%。而用化学技术（化肥和农药等）生产的农产品污染严重，这一点是肯定的，而且已给人类造成极大的威胁和灾难。欧美地区采用的以轮作倒茬为中心的生产有机食品模式，即准备生产1亩地（667平方米）有机农作物，就需安排3亩地（2000平方米）的耕地，田间管理不施任何生产物资，靠自然生长产量低得可怜。

20世纪末，笔者亲见报端，在荷兰茄子667平方米产达2.5万千克，可信，但遥不可及，因为我国广大农民投资不起可以自动控温、补光、供营养的现代化连栋温室。

笔者经过几年的研究，运用生物有机营养理论，整合当今科技成果，提出了碳素有机肥+益生菌（二者结合为生物有机肥，此肥料能使土壤和植物营养平衡，使作物不易被染病害，可避虫，能打开植物次生代谢功能，提高品质和产量）+天然矿物钾（使作物膨果、提高品质的营养元素）+植物诱导剂（提高光合强度和作物的特殊抗逆性）+植物修复素（愈合病虫害伤口，提高概况活力）技术。按此技术操作，不存在连作障碍，几乎不考虑病虫害防治，在任何地区选用任何品种，均可比目前用化学技术提高产量0.5～3倍。

在不施任何化学合成肥料和农药的前提下，在鸟翼形长后坡矮后墙生态温室内，茄子667平方米1年1作产2万～2.5万千克，收入6万元左右，并符合国际有机食品标准要求。此技术的推广应用，不仅能降低成本，提高收益，又可提供安全风味食品，从而保证人们的身心健康，也为实现党中央、国务院提出的2020年较2008年农村经济收入翻番开启了一条发展之路。

这项技术2010年被中华人民共和国国家知识产权局认定为发明专利，2011年8月3日正式向世界公布。2012年6月6日，国务院《三农发展内参》办公室主任董文奖与中国农业科学院研究员刘立新亲临山西省新绛县调研。调查认为：新绛县科技人员研究的这种模式系中国式有机农业技术。现将生产过程总结、整理、集结成书，以期能对我国乃至世界三农经济发展和食品安全供应起到积极的作用。敬请读者在应用中提出宝贵意见。

马新立 电话：0359-7600622

目录 Contents

附 录

概论　中国式有机农业理论实践与展望

山西临汾盆地中孕育的神奇沃土——新绛（古称绛州），位于“晋冀鲁南、黄淮流域”（国家规划中设施农业发展的最佳地理范围），是全国果菜十强县、全国食品安全示范县。在这里诞生的引人注目的中国式有机农业，延续了中国悠久的有机肥种植历史，吸收了国内外多种先进种植理念，以土壤营养归还学说为理论基础，立足于中国人口多，土地资源有限的国情，走出了属于自己的创新之路。它以五大创新要素（碳素有机肥+农用益生菌+天然矿物调理肥+植物诱导剂+植物修复素）和十二平衡为核心，操作便捷，可持续发展，其产品风味与西方的要求相同，产量却比施用化肥种植高0.5～2倍，真可谓好吃不贵。中国式有机农业所产的优质食品，必将成为全世界普通百姓吃得起的安全食品。

现在让我们回顾一下中国式有机农业的形成发展之路，来说明为什么不能照搬西方有机农业模式。西方有机农业模式，一是轮作倒茬；二是不用任何肥料；三是以牺牲产量为代价，追求食品质量安全。其农业理念即不计成本地维持原始生态种植，没有认识到生物集成创新高产栽培模式的可行性，没有考虑到开启植物次生代谢途径的重要性，也没有为作物生长补充其必需的足够营养，从而制约了产量和农业的发展。

1992年，本书作者之一马新立在山西省新绛县政协会上提出了发展蔬菜经济的提案，得到县委的广泛认可，新绛县蔬菜局随之成立；10年间，在立足有机肥和化肥农药的基础上，马新立潜心研究无公害高产技术，使商品菜的面积由1991年的20公顷发展到2002年的11 000公顷，西红柿、茄子、辣椒、黄瓜年667平方米产量均徘徊在0.7万～1万千克；2003年，马新立又开始研究生物集成栽培有机高产技术，使商品菜面积发展到2012年的21 000公顷，西红柿、茄子、辣椒、黄瓜667平方米产量均达到1.5万～2万千克。

2002年，山西省芮城和临汾有了CM和EM益生菌产品 ，马新立得到一本《农用与环保微生物》（日本农业教授比嘉昭夫1991年著），其中有几个新颖的观点：①将“EM复合生物菌开发利用起来，地球人口增长到100亿也不愁无食物可吃”。②应用生物技术“如果调查某一作物高产例子，就会发现不少是平均产量的2倍和3倍”。③“糙米产量每1000平方米超过1800千克”。④“生物有机肥能将无机氮（钾）有机化”。故马新立及其团队开始尝试在蔬菜生产上大量推广应用生物菌液，结果产量提高了30%～60%，解决了连作障碍即土传病问题，同时减轻了病虫草害。

此外，工作中研究人员还发现，虽然生物菌能使作物根深叶茂，但是有些作物不一定增产稳产。因为冬季光照弱，保护地内植株徒长严重，影响到产量。比嘉昭夫著作中说：“自然界作物高产利用太阳光能不足1%，如果提高1%，作物产量就可以翻番。”2003年市场上有了一种植物制剂，叫那氏778诱导剂，具有如下作用：①能增加根系；②能控秧抗逆；③能提高光利用率0.5～4倍。马新立及其团队将此成果吸收进来，应用在作物生产上，经过3年试验，证明可使作物不得病毒病，减少真、细菌病害感染，在6～7℃环境中不受冻（一般10℃就会受冻），产量提高30%～60%。

同时，日本专家资料表明，给作物田间施钾，大约78%被果实吸收，22%被茎秆吸收。另据《中国蔬菜》文摘说明，土壤含钾在240毫克/千克为高产浓度，而全国各地土壤中含量多在100毫克/千克以下。因此，马新立及其团队确立了“钾长果实，贮钾就是贮粮”的理念，在田间应用，丰果增产效应突出。

通过查阅我国和前苏联作家著作，马新立发现，保证作物生长的三大元素是碳、氢、氧（占作物体的96%），而不同于现今社会上流行的三大元素是氮、磷、钾（占作物体2.7%～4%）。可见主次倒置是产量难提高的重要原因之一。用碳素肥作为益生菌的食物来改良土壤，能使有机物以菌丝团的形态通过根系进入植物体，是为有机营养理论。益生菌又能从空气中吸收二氧化碳（含量300毫克/千克）和氮（含量79.1%），与碳素物结合可满足作物对氮素60%～80%的需要。如果在田间施入2000千克以上的鸡粪，含氮量可达1.62%左右，完全不需要再施氮素化肥；除钾以外，其他营养素由益生菌从土壤肥料和空气中挖掘吸收利用，作物就能实现优质、高产，从而降低投入，减少污染。之后，马新立及其团队进一步将“碳素有机肥+生物菌+天然矿物钾+植物诱导剂+植物修复素”五要素整合，应用在西红柿、茄子、辣椒、黄瓜等作物上，一茬667平方米产量均高达1万～

2万千克，一年可种2茬。因为不用化肥农药，所以产品自然属于有机食品。

2005年，此理论与实践上升到良法模式，马新立将打印稿交给中国农科院蔬菜所孙日飞参阅，他说："目前我国还没有有机蔬菜生产操作规范，我从你们这里看到了希望。"同年，马新立将《有机蔬菜良好操作规范》一稿交科学技术文献出版社出版，并在书上标注了电话号码，以了解全国各地读者用户反馈意见，之后获得了很好的反响。当年，香港百利高公司黄华亭看书后到新绛考察，通过西行庄立虎有机蔬菜专业合作社，在此建立了20公顷供港蔬菜基地，用此办法生产的蔬菜，连续5年供港全部合格。2012年7月3日，港府食卫局局长宣布"供港山西（新绛有机蔬菜）食品合格率99.999%"，证明了该技术效果的真实性（国际日报、中评社、新华社、凤凰网、中国进出口网、《山西晚报》均做了报道）。

2012年6月6日，国务院《三农发展内参》办公室主任董文奖，中国农科院研究员刘立新到新绛考察蔬菜、小麦后认为，作物不用化肥农药，不但不减产，而且产量提高很多；不考虑轮作倒茬，农业可持续生产发展；在生产模式中用的益生菌和赛众28钾硅调理肥，具有打开植物次生代谢功能的作用，故产量高、品质好；与西欧栽培模式相比，真可谓是中国式有机农业。

在用生物技术四要素生产供港蔬菜的过程中研究人员发现，①在所选番茄品种"金石王子"的介绍中，提到单果预计重100克左右，而用生物技术单果竟然重达250～340克，增大1.5～2.2倍。②以色列、荷兰抗体外病毒的欧盾、欧北品种，每粒0.5元，2011—2012年用化学技术越夏栽培，几乎全部染病毁秧；而用生物技术种植的斗牛士品种，每粒0.1元，一次种植成功。③香港方面提供的长椰菜品种，在云南、河北用有机肥种植，单球重0.9千克，高33厘米；而在新绛用生物技术种植，单球重2千克左右，高37厘米，并且是普遍现象。综上所述，在中国式有机农业模式中，选种时可以多考虑选卖相好的品种，然后施加碳素有机肥、农用益生菌、天然矿物钾、植物诱导剂、植物修复素，就可以达到比化学技术高0.5～2倍的产量，而且产品为有机食品。

应用此技术的相关论文先后在广东农业科学、河南农业科学、山西农业科学、吉林农业科学、湖北农业科学等杂志上发表。2011年，在新绛县邀请刘立新老师讲授有机农业课后，马新立得知，田间施益生菌后，植物能将有机碳素物利用率提高1～3倍；施赛众28钾硅（以下简称赛众28）调理肥，能使作物品质原风味充分释放出来；浇灌和叶面喷洒植物诱导剂，能将植物叶片光利用率提高0.5～4倍；喷施植物修复素，能打破植物休眠，愈合病虫害伤口，均是物质胁迫原理，打开了植物次生代谢功能，从而提高了产量和品质。

2012年投入产出估算实例：

（1）温室茄子，667平方米施12方牛粪1000元，2方鸡粪540元，地力旺EM生物菌液10千克250元，100克植物诱导剂50元，150千克生物钾600元，农资总投资2440元。产量1.6万千克，按批发时价3元1千克，产值4.8万元，投入产出比为1：20。

（2）小麦，667平方米用碳素有机肥（秸秆还田）+地力旺EM生物菌（4千克100元）+钾（50千克200元）+植物诱导剂（20克10元）+植物修复素（1粒5元），667平方米投入合315

元，产小麦600～800千克（用化学技术667平方米产300～350千克），按批发时价2元1千克，产值1200～1600元，投入产出比为1∶4～5。

自2003年以来，马新立先后在国家级出版社出版有机农作物专著14本；2009年被评为畅销书作家，排名第三；同年被评为国际科学家，排名第二；2007年被国家蔬菜工程技术研究中心聘为顾问。其部分技术内容2009年12月被评为山西省人民政府科技进步二等奖，著作评为省一等奖。

根据来自全国各地的反馈得知，该技术在各种作物上应用，产量都可以比过去用化学技术增加0.5～3倍，其中增产幅度较小的是茶叶和田七（0.5倍），增产幅度较大的是蔬菜和中药材（1～3倍），粮食作物增产0.79～1.2倍。为总结并进一步推广此项技术，马新立以《绿色蔬菜高产100题》为书名，选择了全国各地100名农业用户的实例，进行了总结，该书2012年由金盾出版社出版。目前，北京市农村工作委员会、陕西杨凌科技局、山西运城市农业开发办对此书均已立项推广。2013年出版《中国式有机农业》丛书一套，涉及粮、棉、油、果、菜、茶、药等种植领域。相关农资套餐企业，如山西昌鑫生物科技有限公司、运城市空港金利达生物技术有限公司、深圳新农田生物科技有限公司，已经分别筹建了工厂，产业化生产此套餐的相关农资。这项技术集成成果的认定和推广，可以实现农作物高产，食品质量安全，可谓一举两得。有望为我国实现2020年的农业产值和效益较2012年翻番的目标提供支撑。

第一章

有机栽培技术流程及应用实例图说

第一节 栽培技术流程图说

一、茬口安排

温室越冬栽培一大茬茄子在北纬40°以南，5～6月份下种，8～9月份定植，11月～翌年6月上市，667平方米产2万～2.5万千克；温室早春茬在9～10月份下种，12月至翌年1月移栽，4月～8月份上市，667平方米产1.5万～2万千克，拉秧后可继种一茬秋番茄或黄瓜等；早春茬拱棚栽培在11月至翌年1月下种，4月份定植，6～11月份上市，667平方米产1万千克左右。地空闲时还可种一茬越冬菠菜、香菜等。这样，有机茄子即可做到全年供应。

二、品种选择

1. 京茄1号

北京市京研益农科技发展中心繁育，果实扁圆形，

紫黑色，油亮，单果重1～1.5千克，667平方米栽2200株，温室早春栽培可产1.5万千克以上。

2. 京茄20号

北京市京研益农科技发展中心繁育，果实肾卵型，易坐果，黑紫色，皮色光滑油亮，叶柄及萼片绿色，果长25～30厘米，直径5～8厘米，货架期长，按生物技术管理，667平方米栽2200株，产2万千克左右。

3. 华夏骄子

四川郫县蜀春种业公司繁育，早熟，直径5～7厘米，长35～40厘米，皮色黑而油亮，单果重250克，667平方米栽2000株左右，按生物技术管理，可产2万千克，适合港澳及中东国家人群食用。

4. 金十克

四川郫县蜀春种业公司繁育，晚熟，果长40～50厘米，直径6～8厘米，单果重300克，有机栽培可达500克，667平方米可产2万千克左右。

5. 荷兰黄天使

生长势旺，花萼绿色，幼果皮乳白色，老熟果皮米黄色。果长25厘米左右，直径6～9厘米，品质优良。温室越冬栽培，667平方米栽1800株，牛粪+地力旺EM生物菌+钾+植物诱导剂+植物修复素配套技术有机栽培，阶梯形留果，即每层留4果去两头整枝管理，667平方米产2万千克左右。

6. 荷兰东方长茄

植株开展度大，花萼和叶片中等大小，萼片无刺，早熟，丰产性好，生长速度快，采收期长。适于冬季温室和早春保护地种植。果实长形，果长25～35厘米，直

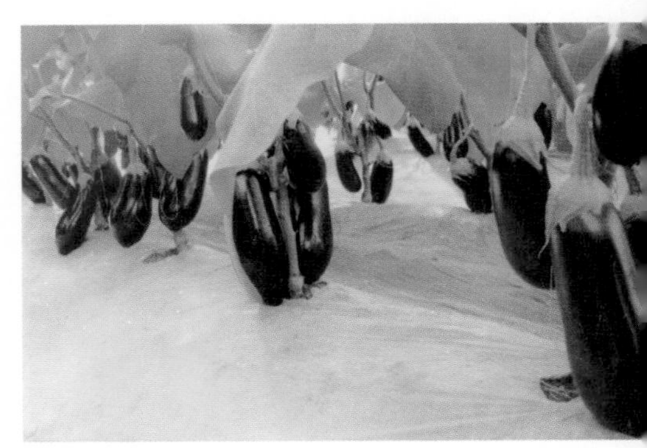

径6～9厘米，单果重400～450克。果实紫黑色，质地光滑油亮，绿把、绿萼，味道鲜美。货架寿命长，商业价值高。周年一大茬栽培667平方米栽1800株，产1.8万千克以上。

7. 荷兰爱丽舍

植株开展度大，花萼小，叶片小，萼片无刺，早熟，高产，采收期长。果长35～40厘米，直径5～7厘米，单果重300～350克。果皮紫黑色，质地光滑油亮，绿把、绿萼，味道鲜美。货架寿命长，商业价值高。周年一大茬栽培667平方米栽1800株，产1.8万千克以上。

8. 荷兰布利塔

植株开展度大，花萼小，绿色。果长25～35厘米，直径6～8厘米，单瓜重400～450克。667平方米栽1800株，双干整枝，阶梯形留果，即每层留4个生长点，待每枝长出一个茄子后，摘

掉两个生长点，留两个生长点向上生长，待长出四个生长点和果，摘除两个生长点，依序类推，可长8～10层果，单株产茄14千克。采用牛粪+EM生物菌+钾+植物诱导剂+植物修复素，667平方米产2.5万千克。

9. 荷兰布朗

植株生长旺盛，植株开展度大，叶片中等大小，绿萼无刺，早熟，丰产，生长速度快，采收期长。适于冬季温室和早春保护地种植。果实长形，果长30～35厘米，直径5～7厘米，单果重300～350克。果皮紫黑色，质地光滑油亮，绿把、绿萼，味道鲜美。货架寿命长，商业价值高。周年栽培667平方米栽1800株，667平方米产1.8万千克以上。

10. 荷兰安德烈

植株生长旺盛，开展度大，花萼小，叶片中等大小，萼片无刺，早熟，丰产

性好，采收期长。可适应不同季节种植，果实灯泡形，直径8～10厘米，长度22～25厘米，单果重400～450克。果实整齐一致，果皮紫黑色，绿色、绿萼，质地光滑油亮，味道鲜美。货架寿命长，商品价值高，一大茬栽培667平方米栽1800株，667平方米产1.5万千克以上。

11. 荷兰203长茄

植株生长中等，叶片薄小，坐果力强。果实灯泡形，长18～22厘米，直径8～10厘米。667平方米栽1800株，注重施牛粪，少量稻壳，生物菌分解，一茬可产1.5万千克以上。

12. 西安紫罐茄

植株生长势强，耐盐碱，紫萼、紫皮，单果重300～350克，667平方米栽2400株左右，用生物技术可产1.5万千克左右。

三、五大创新整合技术要素

1. 碳素生物有机肥

（1）碳素生物有机肥的投入计算

干玉米秸秆按每千克供产叶类菜10千克，瓜果类菜5～6千克投入；牛粪、鸡粪按每千克供产叶类菜6千克，瓜果类菜3千克投入。鸡粪黄瓜田不超过10立方米，其他瓜果类蔬菜不超过5立方米，经堆积混合沤制，施用前2～20天按每667平方米田用肥量喷洒浇施2～3千克地力旺EM生物菌液分解，使之碳素黑质化。不用生物菌分解，有机肥中碳、氢、氧利用率只有20%～24%；用生物菌分解有机营养利用率可提高到150%～200%（可从空气中吸收和从土壤中分解养分，并扩大菌群量及作用）。

（2）碳素有机肥的堆积

用玉米秸秆覆盖鸡粪，

保护鸡粪中的氮素营养不致于大量释放到空气中，又能促使秸秆黑质化，因秸秆中碳素分解需吸收鸡粪中的氮，粪肥中氮、碳比达1：30～1：90，利于蔬菜高产。

（3）秸秆铡揉机

该机适用于棉花秆、玉米秆、高粱秆、麦草、稻草、树皮、葡萄藤、大豆秆等各种农作物秸秆的切碎揉搓加工。该产品可将各种农作物秸秆切碎揉搓至30～50厘米，揉搓率达93%，执行标准NY/T509－2002，应用于秸秆还田，与地力旺EM生物菌、植物诱导剂、钾结合，每千克干秸秆可产瓜果类菜5～6千克，整株可食蔬菜10千克以上。洛阳市宇灿农机公司生产（13849940067），山西朔州市兴农机械也有生产（13363496789）。

2. 地力旺EM生物菌

由豆汁、红糖加EM有益菌制成，为有机农产品生产准用物资。每克含80多种菌，总数达300亿～500亿。①土壤中有了大量EM有益复合菌，能平衡土壤和植物营养；可减轻生理、真细菌引起的各种病害。②可替代杂、病菌占领生态位，作物生长快速健康。③能分解有机肥中的粗纤维，避免生虫。④能使成虫不产生脱壳素而窒息死亡，能化卵。⑤能打开植物次生代谢功能；抗病增产，原品种风味凸现。⑥能使碳、氢、氧、氮以菌丝残体形态被植物根系直接吸收利用，使光合作用在杂菌环境下利用有机物率的20%～24%提高到100%～200%，即可吸收空气中的氮（含量79.1%）和二氧化碳（含量300～330毫克/千克），分解土壤中的矿物营养。第1次667平方米施用2千克，之后1次施用1千克。与硫酸钾交替施用为佳。

（1）地力旺EM生物菌液态剂

由豆汁、土豆汁、红糖营养汁，放入原种（每克含量500亿～1500亿），扩繁后每毫升有效活性菌达20亿以上。667平方米随水冲入2千克，即可达到净地、分解有机粪、供植物平衡生长的效果。同时可沤制1万千克左右的有机碳素肥。另外，每吨可沤制生物有机肥60吨左右。

地力旺EM菌剂（5公斤）
有效活菌数≥20亿/ml

（2）固体地力旺EM生物有机肥

每克含量2亿以上，每袋20千克，秸秆还田或施入有机畜禽粪肥，667平方米需施入40～80千克，可分解单位面积田间有机物，几乎可被作物完全利用。

（3）数码生物菌扩繁器

2010年5月12日，王天喜等研制的数码生物菌扩繁器"一种复合益生菌活化装置"，获中华人民共和国国家知识产权局实用技术专利。小型设备每台4天可生产2吨生产用菌剂（每台造价2万元），中型设备每台每天可生产1吨（每台造价3万元），大型设备每台每天可生产5～10吨（每台造价30万元）。

3. 钾肥

（1）*纯天然矿质钾肥*

钾是作物生长的六大营养元素之一，具有作物品质元素和抗逆元素之称。北京中农亚太国际贸易有限公司经销的红牛牌硫酸钾肥、硫酸钾镁肥属于天然矿质类型，不参杂任何成分，品质高、含量足。特别是硫酸钾镁，内含作物生长发育中必须的钾、镁、硫元素，被誉为作物的“黄金钾”。特别适用于蔬菜、瓜果等高效有机生产应用。

摩天化硫酸钾肥、硫酸钾镁肥施入各类作物田间，能显著提高产品的品质，增强作物的抗旱、抗寒、抗热能力，增产效果显著。红牛牌硫酸钾肥含氧化钾50%，

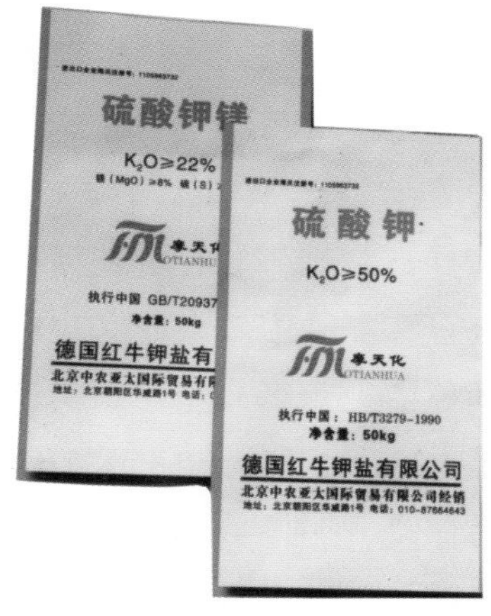

每100千克可供产瓜果类菜7000～8000千克，产叶类菜1.5万千克左右。另外新疆罗布泊牌硫酸钾含量51%，也属天然矿质高含量硫酸钾。

（2）赛众28钾肥

矿物制剂，为有机农产品生产准用物资。含速效钾8%，缓效钾12%，可膨果壮秆；含硅42%，可避虫；含有20多种中微量元素和10多种稀土元素，能开启植物次生代谢功能，为土壤和植物保健肥料。一般基施25千克，中后期追施50～75千克，也可用浸出液在作物叶面上喷洒，对提高产品和品质效果尤佳，所产果实在常温下可放40天左右。

4. 植物诱导剂

为有机农产品生产准用物资，植物沾上该剂能增加根系70%以上，提高光合强

有机产品认证证书

云南省生态农业研究所

CHTC

度0.5～4倍，可起到前期控秧促根、后期控蔓促果的作用，使作物抗热、抗冻、抗病、抗虫性大大提高。667平方米用50克原粉，500克开水冲开，放24～60小时，兑水60千克，在茄子4～6叶时全株喷一次；定植后按800倍液再喷一次，如果早中期植物有些陡长，节长叶大，可用650倍液再喷一次。

5. 植物修复素

矿物制剂，为有机农产品生产准用物资。植物沾上该剂，能激活叶片沉睡的细胞，打破顶端生长优势，使营养往下部果实转移，能愈合叶片及果实上的虫伤、病伤，使蔬菜外观丰满、漂亮，含糖度增加1.5～2度。

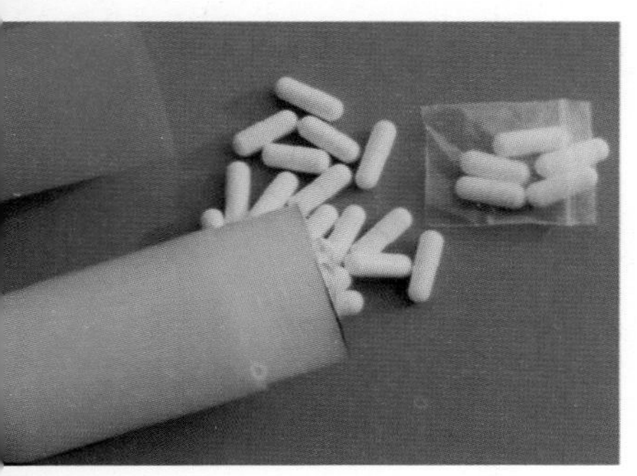

在结果期每粒6克兑水10～15千克，叶面喷洒即可，如果发现病虫害和生理病症，可加入50～100克EM生物菌，效果更佳。

四、管理技术

1. 育苗技术

基质用风化煤、草炭或炉灰渣粉末50%，配牛粪50%，再用EM生物菌液或生物有机肥若干拌匀。存放15天左右，装入营养钵或做成育苗畦，营养钵或床土高8～10厘米，灌4厘米深水，待畦水快渗完时，取少量肥土撒在有积水处，将畦面赶平，按8～10厘米见方，播子，覆营养土1厘米左右。不用化学肥料和化学农药，就能保证苗齐苗壮。

温湿度控制：一是幼苗出土期，温度保持15～25℃；二是80%出土后，白天温度为20～24℃，夜间13～15℃，湿度控制在75%左右。

2. 嫁接要领

利用野生同属同科植物的根壮、抗病、抗逆特性，嫁接上形状、品质优良的茄子品种，达到抗病增产高效益之目的。

嫁接法是将砧木茎由下向上45度切1/3～1/2，将茄子接穗由上向下45度切1/2，将茬口对插，用嫁接夹侧面夹牢，喷EM生物菌300倍液或植物修复素（每粒兑水15千克），4～5天保持20℃左右温度，85%湿度即可。

插接是用竹片将砧木苗心挖出，将接穗生长点剪入插入的技术。

用有机生物技术不嫁接完全可以高产优质。

嫁接手法

嫁接成苗

茄子砧木（杜鲁巴木野生品种），已剪去生长点，待嫁接

3. 苗期管理

幼苗大小不齐，用EM生物菌500倍液灌小株，3～5天可齐。

茄子接穗秧（荷兰布里塔品种）

4. 合理稀植

温室栽培大型植株品种667平方米栽1800株，小型植株品种2200株左右，株距45～50厘米，窄行60厘米，宽行80厘米，起垄高20厘米，定植在窄行垄上，两行覆盖一层地膜，从膜下灌水。生长期用植物诱导剂叶面喷洒，控秧促根、促果，夜温不宜超过13℃，整个生长期田间叶片不宜过大，互相遮阴不超过50%，地面有5%左右的见光。

合理稀植的植株开展度大，节短、茄多、果膨大快。

定植密度过大，植株秆细、叶弱、产量低

定植密度过大，中后期叶蔓过旺，茄果产量低，叶面需喷洒600～700倍液的植物诱导剂，控叶控株高

5. 茎节短第一层造成弯果

栽培管理上，要求长形茄品种，据茄子的长度，采取控湿、控水、控温等措施，使茎节达茄子长度，以减少弯果。

6. 碳钾不足上部缺幼果

施足碳素肥，667平方米产2.5万千克，需施秸秆6000千克或鸡、牛粪各3000千克，每次施50%矿物硫酸钾25千克，共需200千克左右，

并隔一次浇水施地力旺EM生物菌1～2千克，壮秆促上部着果，并及时摘取下部大果（图为荷兰786品种）。

7. 中耕伤根

定植后随水冲入地力旺EM生物菌液2千克，因耕作层杂菌可控制在15%以下，2天左右毛细根伸出，10天左右达10厘米，这时土壤表层脱水干裂，需中耕松土，伤浅根，打开植物次生代谢功能，植株抗逆性强，生长旺盛，土壤具有保水、生肥、保温作用。

8. 覆盖地膜和秸秆

在窄行上一膜覆盖两行茄秧于根部，宽行中覆盖玉米秸秆，一是可降低田间空气湿度，保持土壤温度；二是可以保持水分，减少水分蒸发带走温度；三是可反光，产生长波增加室内温度；四是可避免人脚踩造成土壤板结。

9. 茄子套袋

用统一长短粗细的无毒塑料袋，在幼果时套上，长大后无虫伤、无污染、长短一致，货架期长。

10. 水肥供应

茄子喜水，秸秆用量大则有机肥充足，土壤透气性好，首次应在宽窄行浇大水，以后只浇窄行，每次浇水冲入EM生物菌液1千克或50%矿物硫酸钾25千克左右（视浇水间隔时间而定施钾量），一般667平方米产2万千克以上，应按产3万千克左右用量投入，每千克50%硫酸钾产果8000千克，总量需350千克左右，因有机肥中的钾可供产量5000～7000千克，那么总投入量控制在200千克左右。其他营养素通过生物菌分解有机肥和从土壤、空气中获取，即能满足供应80%左右。

11. 温度管理

幼苗及定植后，白天室温25℃，前半夜19～20℃，后半夜15～16℃，昼夜温差宜小；着果期白天22～30℃，前半夜18～19℃，后半夜13～14℃；膨果期，

氮肥过多引起徒长秧

温高茎空苗

夜温过高引起徒长秧

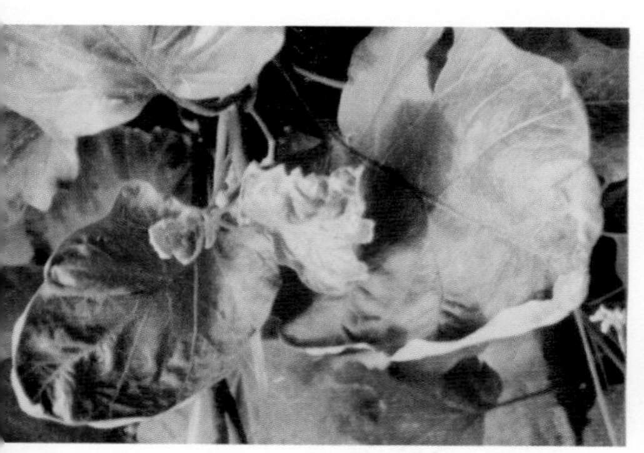

温低叶皱秧

氮多湿度大引起叶旺秧

高湿干旱引起缺钙裂果

高温高湿引起病果

白天30～35℃，前半夜17～18℃，后半夜10℃左右，昼夜温差宜大，利于产品形成，产量高、品质好。

12. 阶梯形整枝

即门茄采收后，生长出对茄，为双头，待长出四门斗，每头留1果，选留两个粗壮的生长点继续往上长，而将另两个弱生长点捏掉，依次类推整枝，即以上每层留4果，长10层果，植株高1.9米左右，每层可产4果1.4千克，株产10千克以上，此整枝法必须配合充足的碳素有机肥和钾素，需用生物菌分

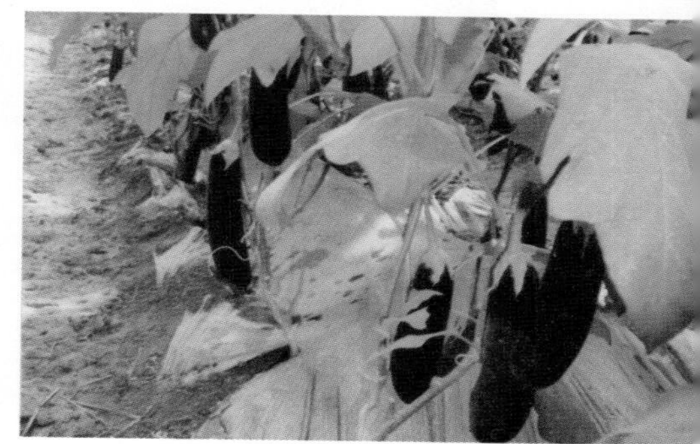
每层4果

摘掉腋枝

解供应有机物，用植物诱导剂控秧防叶蔓徒长。

按有机栽培土壤肥沃
侧枝可留2～3果

土壤瘠薄要将侧枝摘掉

13. 整枝留果

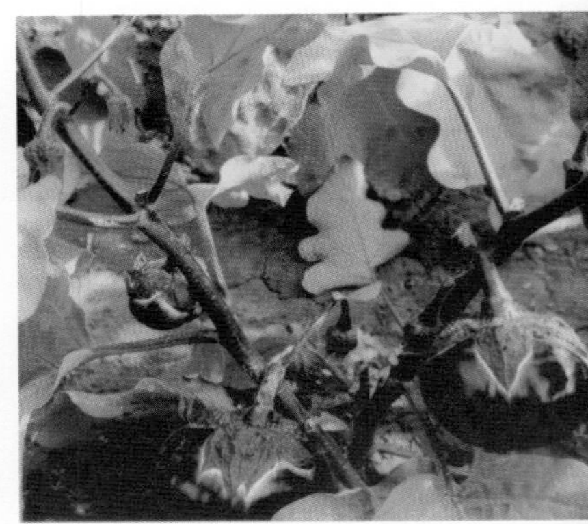

双秆整枝

三秆整枝

门茄对茄果

满天星茄果

四门斗茄果

八面风茄果

14. 促耳果膨大

用生物技术种植天津快圆茄子，该品种每果腋下

可着生一耳果，正果及时采收，耳果可及早膨大而增产，但前提是要施足有机肥和钾，用生物菌提高利用率，用植物诱导剂提高植株生育功能。

15. 设滴灌

田间铺设滴灌，可节水60%以上，室内空气湿度低，保水保温保肥，利于控秧促果。

16. 低温引起皱果裂果

预防办法：施足秸秆、牛粪等有机肥，用地力旺EM生物菌液分解，提高地温，促进钙素流动，结果期

叶面喷生物钙，田间冲天然钾肥。丰满果实，愈合伤口，勿用24-D蘸花，以免出现裂果、畸形果。

17. 采果保果

门茄及时采收，不要大于300克，因叶面积小长不大。中部果，如果是长茄品种，果不要大于400克；圆茄，则不要大于1000克，以免影响植株上部坐果；及时采果，可保持果中水分，以免老化空心。采果后，以下叶片及时摘掉，增强通风透光能力，造成株体小量破伤，打开植物体次生代谢功能，增产明显，如果徒长，株高达2米，可留下中层芽结果，或老株再生。

用地力旺EM生物菌液或硫酸锌1000倍液，配植物修复素（每粒兑水15千克）喷花蕾，促坐果，促膨大。勿用24-D蘸花。

用24-D抹花过重引起茄果大脐

施氮磷过多引起的畸形果

18. 打杈

幼苗在6叶1心前不打杈，促其地上与地下平衡生长，增加根系数量。着果初期及时摘掉腋芽，芽长不过寸，有利于营养向果实流移，促长深根，提高果实产量。

19. 徒长秧处理

幼苗期用植物诱导剂1000倍液叶面喷洒，即取

25克原粉，置瓷盆或塑料盆中，用250克沸水冲开，放24～48个小时，兑水25千克。定植时按700～800倍液浓度灌根或叶面喷洒。中后期秧徒长，用植物修复素叶面喷洒，即取一粒植物修复素（0.6克），兑水15千克，在植株生长点部位喷洒，打破顶端生长优势，矮化植株，促进长果。

夜温过高后期缺钾徒长秧

施氮浇水过多徒长秧

20. 防止死秧

茄子易染黄萎病死秧。而用生物技术，一是地力旺EM生物菌可转化畜、禽粪中对植物有害的毒物，如氨气、甲硫醇等；二是可平衡土壤和植物营养；三是可取代生态环境中的杂菌；四是可化虫化卵；五是可打开植物体次生代谢功能，增强作物抗性；六是可促进根系

粪害腐皮死秧

顺畅生长，营养调节力强，植株抗热、抗旱、抗逆性强，不但不易染病死秧，而且可以连茬栽培。

21. 禽粪引起根茎外皮腐死秧

鸡、鸭、鸽等禽粪，因系短肠动物，食物消化不完全，粪便中含有的较多氨气、甲硫醇等对作物有毒物，常会引起伤根皮腐死秧。解决方法：一是少用这类粪；二是要经过长期沤制；三是用EM生

肥害根小死秧

禽粪引起根皮腐烂死秧

禽类粪未腐熟引起死秧、缺苗、断行

物菌喷洒在粪上，沤制15～20天，使毒素转化。

22. 病症防治

茄子按生态技术栽培，地上部极少染病，发现叶僵缺钙，喷1000倍EM生物菌液；发现花蕾矮小，对花蕾喷洒修复素，每克兑水10千克；高、低温期发现叶脉曲缺硼，干缘缺钙，叶面喷食母生片或过磷酸钙配食醋300倍液；发现叶片黄，叶面喷EM生物菌+红糖300倍液；发现花蕾掉茄蛋，控秧、控湿、施钾，蕾果上喷EM生物菌或硫酸锌1000倍液。发现真、细菌病害，即烂叶烂果，可用硫酸铜配碳酸氢铵300倍液，叶面喷洒防治。

缺钙大脐

缺碳、钾僵果

23. 虫害防治

用阿维菌素防治白粉虱、蓟马；用潜蝇宝防治斑潜蝇，用赛众28钾硅调理肥浸出液防止红蜘蛛或钻心虫，用麦麸2.5千克炒香，各拌0.5 千克糖、醋、敌百虫，傍晚放在塑料膜上置田间地头诱杀，也可用黄板摸黄油粘杀飞虫，田间施稻壳、赛众28钾硅调理肥等含硅物，喷铜制剂避虫。

跳甲虫有硬壳翅，在南方繁殖快、数量多，对作物危害广泛。用植物源杀虫剂——0.5%黎芦碱（600～800倍液）+0.3%苦参碱

幼果虫伤

斑潜蝇危害

白粉虱危害

跳甲虫

（800～1200倍液），667平方米用原液50～75克，每3～4天喷一次，可从根本上控制跳甲虫危害农作物。植物源杀虫剂属于有机食品生产准用农资，具有触杀和胃毒作用，主要用于防治同翅目蚜虱类、半翅目蝽类、蜱螨目害螨类等多种刺吸式口器害虫。使用范围：蔬菜、果树、棉花、水稻、茶叶、烟草、花生、大豆、花药材等其他经济作物。防治对象：蔬菜菜蚜、瓜蚜、小麦蚜、苹果黄蚜、苹果绵蚜、红蜘蛛、桃蚜、苜蓿蚜、棉蚜、花生蚜虫、白粉虱、烟粉虱、梨木虱、小绿叶蝉、茶叶螨、茶叶蝉、茶粉虱、绿盲蝽、稻飞虱、褐飞虱、白背飞虱等，在害虫发生初期和低龄期使用。植物源杀虫剂的生产单位有江苏利尔生物科技有限公司、河北石家庄市植物农药研究所。

另外，用鱼藤氰800倍液或者EM生物菌500倍液喷洒，长期使用也能起到控制虫害作用。

五、设施介绍

1. 鸟翼形长后坡矮后墙生态温室

跨度8.2～9米（包括后墙底厚1米），高度3米（不包括地平面以下40～50厘米），后墙高1.6米，后屋深1.6米（后坡梁长2.2～2.4

育茄子秧设遮阳网

米，高18～20厘米，宽13厘米，预制件立柱内设4根直径0.5厘米冷拉丝，高3.4米，如果地平面栽培床深40厘米，还应增长40厘米）。前沿（南边）内切角33°～50°，方位正南偏西7°～9°，长度70～80厘米，墙厚1米。在北纬40°以南越冬种植各类蔬菜，均能获得高额产量，冬至前后室内夜温达12℃左右， 白天达30℃。此温室2011年2月18日被国家知识产权局认定为专利——一种长后坡矮北墙日光温室。

2. 温室筑墙

3. 钢架竹木结构拱棚

4. 两头砌墙钢架结构大棚

5. 预制立柱竹竿结构拱棚

6. 组装式钢架拱棚

第二节　应用实例图说

1. 吕顺全用生物技术种植温室春茄子667平方米产2万千克

山西省新绛县上院村吕顺全种植温室春茄子，选择天津新家园种苗公司（022-2379116）生产的天园紫茄，圆形，自生根，按667平方米施牛粪8立方米，鸡粪6立方米，地力旺EM生物菌液15千克，每次1～2千克；50%天然矿物硫酸钾150千

克，每次15～25千克；氨基酸肥50千克，每次25千克；植物诱导剂100克按800倍液喷2次；比用化肥、化学农药667平方米产果5000～9000千克增产1倍左右。2009年10月份下种，12月中旬定植，2010年7月份结束，果着色均匀，有光泽、油嫩，白淡绿色肉质，子少，质地硬，单果重1千克左右，667平方米栽2300株，留8层果，双秆整枝，株产10千克左右，667平方米产2.07万千克，收入4万余元。

2. 吴利斌用生物技术种植越冬一大茬温室茄子667平方米产2.4万千克

山西省新绛县南张村吴利斌2010年选用荷兰608长茄品种，嫁接苗，6月份育苗，8月份定植，11月份始收。667平方米玉米干秸秆3000千克（合5亩地的秸秆），鸡粪8立方米，地力旺EM生物菌20千克，每次2千克；植物诱导剂100克，幼苗期1000倍液，定植后800倍液叶面

喷洒；栽苗2000株，双秆整枝，每层2～4果，共长9层果，株产12.6千克，667平方米产2.4万千克。

3. 曹东明种植荷兰长茄667平方米产1.8万千克

山西省新绛县西行庄村曹东明2011年种植荷兰爱丽舍茄子。该品种果长35～40厘米，直径5～7厘米，单茄重300～350克，紫黑色，光滑油亮，绿柄绿萼，味鲜。施牛粪、稻壳、生物菌、钾，设滴灌，高垄栽培，667平方米栽1800株。周年生长单株产果10千克，适宜越冬和早春保护地栽培。深受港澳及中东国家消费者喜爱。图为2011年2月17日马新立在西行庄村曹东明的温室里指导茄子田冲施地力旺EM生物菌和天然硫酸钾，传授增产增效管理技术。该温室667平方米产茄子1.5万千克，收入3万余元。

4. 付爱虎种植荷兰布里塔长茄667平方米产2万千克

山西省新绛县南梁村付爱虎2009—2010年按667平方米施牛粪10立方米，地力旺EM生物菌15千克（每次

1～2千克），硫酸钾100千克（每次5～24千克），植物诱导剂50克，植物修复素10粒（每次2～5粒），阶梯形整枝（每层4果留双头），5月份下种，翌年10月份结束，使用上述技术栽培在pH8.3的盐碱地里667平方米产2万千克。

5．卫虎山用生物技术种植茄子667平方米产2.2万千克

2000—2011年山西省新绛县闫家庄卫虎山，按有机肥，秸秆，鸡、牛粪+地力旺EM生物菌+钾+植物诱导剂+植物修复素技术，连年667平方米产茄子2万千克左右，2011年种植2000平方米，品种为荷兰布里塔，667平方米产2.2万千克。下图为作者之一的马新立在田间指导调查。

6．马代龙用生物技术在早春拱棚内种植西安罐罐茄667平方米产1.2万千克

2010—2012年山西省新绛县西曲村马代龙连续3年选用西安罐罐茄品种，667平方米栽2600株，施牛粪6000千克、鸡粪2000千克、50%硫酸钾80千克、地力旺EM生物菌6千克，连年产果达1.2万千克。

第二章

科学依据

第一节 有机蔬菜生产的十二平衡

一、有机蔬菜生产四大发现

一是把“农业八字宪法”改为十二平衡；二是把作物生长三大元素氮、磷、钾改为碳、氢、氧；三是把作物高产主靠阳光改为主靠地力旺EM生物菌；四是把琴弦式温室改为鸟翼形生态温室。

二、有机农产品概念

在生产加工过程中不施任何化肥、化学农药、生长刺激素、饲料添加剂和转基因物品，其所产物为有机食品。

三、有机蔬菜的生产十二平衡

有机蔬菜的生产十二平衡即：土、肥、水、种、密、光、温、菌、气、地上与地下、营养生长与生殖生长、环境设施平衡。

1. 土壤平衡

常见的土壤有四种类型，一是腐败菌型土壤。过去注重施化肥和鸡粪的地块，90%都属腐败型土壤，其土中含镰孢霉腐败菌比例占15%以上。土壤养分失衡恶化，物理性差，易产生蛆虫及病虫害。20世纪90年代至现在，特别是在保护地内这类土壤在增多。处理办法是持续冲施地力旺EM有益生物菌液。

二是净菌型土壤。有机质粪肥施用量很少，土壤富集抗生素类微生物，如青霉素、木霉素、链霉菌等，粉状菌中镰孢霉病菌只有5%左右。土壤中极少发生虫害，作物很少发生病害，土壤团粒结构较好，透气性差，但作物生长不活跃，产量上不去。20世纪60年代前后，我国这类土壤较为普遍。改良办法：施秸秆、牛粪生物菌等。

三是发酵菌型土壤。乳酸菌、酵母菌等发酵型微生物占优势的土壤，富含曲霉真菌等有益菌，施入新鲜粪肥与这些菌结合会产生酸香味。镰孢霉病菌抑制在5%以下。土壤疏松，无机矿物养分可溶度高，富含氨基酸、糖类、维生素及活性物质，可促进作物生长。

四是合成菌型土壤。光合细菌、海藻菌以及固氮菌合成型的微生物群占土壤优势位置，再施入海藻、鱼粉、蟹壳等角质产物，与牛粪、秸秆等透气性好，含碳、氢、氧丰富物结合，能增加有益菌即放线菌繁殖数量，占主导地位的有益菌能在土壤中定居，并稳定持续发挥作用，既能防止土壤恶化变异，又能控制作物病虫害，产品优质高产，并属于有机食品。

2. 肥料平衡

17种物质的营养作用：碳（主长果实）、氢（活跃根系，增强吸收营养能力）、氧（抑杂菌，作物抗病）、氮（主长叶片）、磷（增加根系数目与花芽分化）、钾（长果抗病）、镁（增叶色，提高光合强度）、硫（增甜）、钙（增硬度）、硼（果实丰满）、锰（抑菌抗病）、锌（内生生长素）、氯（增纤维抗倒伏）、钼（抗旱，20世纪50年代，新西兰因一年长期干旱，牧草矮小不堪，濒临干枯，牛羊饿死无数，在牧场中奇怪地发现有一条1米宽、翠绿浓郁的绿草带，经考察，原来牧场上方有一钼矿，矿工回来所穿鞋底沾有钼矿粉，所踩之处牧草亭亭玉立，长势顽强）、铜（抑菌杀菌，刺激生长，增皮厚度，叶片增绿，避虫）、硅（避虫）、铁（增加叶色）。

3. 水分平衡

不要把水分只看成是水或氢二氧一，各地的地下水、河水营养成分不同，有些地方的水中含钙、磷丰富，不需要再施这类肥；有些地方的水中含有机质丰富，特别是冲积河水；有些水中含有益菌多，不能死搬硬套不考虑水中的营养去施肥，比如茄子喜水，土壤持水量在60%左右，空气温度在70%～85%的环境中生长较好。

4. 种子平衡

不要太注重品种的抗病虫害与植物的抗逆性。应着重考虑选择品种的形状、色泽、大小、口味和当地人的消费习惯，就能高产、高效。生态环境决定生命种子的抗逆性和长势，这就是技术物资创新引起的种子观念的变化。

有益菌能改变作物品种种性，能发挥种性原本的增长潜力。地力旺EM生物菌液由20多种属、80多种微生物组成，能起到解毒消毒的作用，使土壤中的亚硝基、亚硝基胺、硫化氢、胱氨等毒性降解，使作物厌肥性得到解除，增强植物细胞的活性，使有机营养不会浪费，几乎全利用，并能吸收空气中的养分，使营养的循环利用率增加到200%。植物也不必耗能去与毒素对抗而影响生长，并能充分发挥自我基因的生长发育能力，产量就会大幅提高。

5. 稀植平衡

土壤瘠薄以多栽苗求产量，有机生物菌技术稀栽植方能高产、优质。如过去茄子667平方米栽3000株左右，现在是1800～2200株；有些更稀，合理稀植产量比过去合理密植产量高1～2倍。

6. 光能平衡

万物生长靠太阳光，阴雨天光合作用弱，作物不生长。现代科学认为此提法不全面。植物沾着植物诱导剂能提高光利用率的0.5～4倍，弱光下也能生长。有益菌可将植物营养调整平衡，连续阴天根系也不会太萎缩，天晴不闪秧，庄稼不会大减产。茄子适宜光照强度范围宽，在1万～8万勒环境中均能生长，但以4万～6万勒效果为好。

7. 温度平衡

大多数作物要求光合作用温度为20～32℃（白天），前半夜营养运转温度为17～18℃，后半夜植物休息温度10℃左右。唯西葫芦白天要求20～25℃，晚上6～8℃，不按此规律管理，要么产量上不去，要么植株徒长。茄子后半夜开花授粉温度为12～13℃，膨果期7～11℃。

8. 菌平衡

作物病害由菌引起是肯定的，但是菌就会染病是不对的。致病菌是腐败菌，修生菌是有益菌。长期施用有益菌液，即消化菌，可化虫卵。凡是植株病害就是土壤和植物营养不平衡，缺素就染病菌，营养平衡利于有益菌发生发展。有益菌液含芽孢杆菌、酵素菌、乳酸菌、解磷菌、固氮菌等复合菌群，每克含菌数达20亿以上。其中，芽孢杆菌、固氮菌是非豆科内生和根际土壤内固氮的主要微生物菌剂；解磷菌是为作物供应磷素的主力菌；酵素菌是发酵分解有机物秸秆或粪，为植物可利用的无机碳源以及作物可以直接吸收利用的小分子有机养分，类似于组培营养基的小的有机分子化合物的主力菌。

9. 气体平衡

二氧化碳是作物生长的气体面包，增产幅度达0.8～1倍。过去在硫酸中投碳酸氢铵产生二氧化碳，投一点，增产一点。现在冲入有益菌去分解碳素物，量大浓度高，还能持续供给作物营养，大气中含二氧化碳量330毫克/千克，有益菌也能摄取利用。

10. 地上部与地下部平衡

过去，苗期切方移位“囤”苗，定植后控制浇水“蹲”苗，促进根系发达。现在苗期叶面喷一次1200～1500倍液的植物诱导剂，地上不徒长，不易染病；定植后按600～800倍液灌根一次，地下部增加根系0.7～1倍，地上部秧矮促果大。

11. 营养生长与生殖生长平衡

过去追求根深叶茂好庄稼，现在是矮化栽培产量、质量高。用植物修复素叶面喷洒，每粒兑水14～15千克，能打破作物顶端优势，营养往下转移，控制营养生长，促进生殖生长，果实着色一致，口味佳，含糖度提高1.5～2度。

12. 环境设施平衡

2009年11月10日，我国北方普降大雪，厚度达40～50厘米。据笔者调查，山西太原1.2万个琴弦式温室被雪压垮，山西阳泉平定80%的山东式超大棚温室被雪压塌，山西介休霜古乡现代农业公司，48栋10米跨度、高4.5米的琴弦式温室内所植各种蔬菜及秧苗全部受冻毁种。

而辽宁台安县、河北固安县、河南内黄县、山西新绛县（5万余栋）鸟翼形长后坡矮后墙生态温室（该温室1996年获山西省农技承包技术推广一等奖，山西省标准化温室一等奖，新绛县被列为全国标准化温室示范县）完好无损，秧苗无大损伤。近几年，以上地域利用此温室，按有机碳素肥+地力旺EM有益菌+植物诱导剂+钾技术，茄子、黄瓜667平方米产2.5万千克，西红柿产1.5万～2万千克，效果尤佳。

（1）琴弦式温室压垮原因分析：一是棚面呈折形，积雪不能自然滑落，棚南沿上方承受压力过重导致温室的骨架被压垮；二是折形棚面在“冬至”前后与太阳光大致呈直线射进，直光进入温室量大，但散射光及长波光是产生热能的光源，而直射光主要是短波光照，在棚面很少产生热能，只能是照在室内地面反光后变成长波光才生产热能，棚面温度低易使雪凝结聚集在上方而导致温室被压塌。

（2）超大棚温室压垮和秧苗受冻原因分析：一是跨度过大，即棚面呈抛物线拱形，坡度小，中上部积雪不能自然下滑至地面，多积聚在南沿以上处，温室骨架被积雪压坏；二是棚面与地面空间过高，达4.5～5米，地面温度升到顶部对溶雪滑雪影响力不大；三是多数人追求南沿温室内高，人工操作方便致使钢架拱度过大，坡度太小，不利滑雪；四是温室内空间大降温快、升温慢，溶雪期间气温低，室内秧苗易受低温冻害毁种。

（3）鸟翼形生态温室抗灾保秧分析：鸟翼形温室的横切面呈鸟的翅膀形，南沿较平缓，雪可自然下滑至地面；半地下式系栽培床低于地平面40厘米，秧苗根茎部温度略高；空间矮，地面温度可作用到棚顶，使雪融化下滑；因后屋深，跨度较小，白天吸热升温快，晚上室内温度较高，生态温室即“冬至”前后，太阳出来后室内白天气温达30℃左右，前半夜18℃，后半夜12℃左右，适宜各种喜温性蔬菜越冬生长的昼夜作息温度规律要求，亦可做延秋茬继早春茬两作蔬菜栽培。温室即抗压，又保秧苗安全生长。如果在夜间下雪，只要在草苫上覆一层膜，雪就可自然滑下。

鸟翼形生态温室具有以下特点：

①棚面为弧圆形，总长9.6米，上弦用直径3.2厘米粗的

鸟翼形长后坡矮北墙日光温室立柱与后屋脊梁连接处造型
（本温室2011年获国家知识产权局实用技术专利）

厚皮管材，下弦和W型减力筋为11毫米的圆钢材，间距15～24厘米焊接，坚固耐用；②跨度7.2～8.8米，土壤利用效益好，栽培床宽7.25～8.25米；③后屋深1.5～1.6米，坡梁水泥预制长2.15～2.8米，高20厘米，厚12厘米，内设4根冷拉钢丝，冬季室内贮温保温性好；④后墙较矮，高1.6米左右，立柱水泥预制，宽、厚12厘米，高4～4.4米，包括栽培床地平以下40厘米，棚面仰角大，受光面亦大；⑤土墙厚度。机械挖压部分，下端宽4.5米，上端宽1.5米；人工打墙部分，下端厚1～1.3米，上端厚0.8～1米，坚固，不怕雨雪，冬暖夏凉；⑥顶高3.1～3.4米，空间小，抗压力性强，栽培床上无支柱，室内作物进入光合作用快，便于机械耕作；⑦前沿内切角度为30°～32°，“冬至”前后散射光进入量大，升温快，棚上降雪可自动滑下；⑧方位正南偏西5°～9°，光合作用时间长。可避免正南方位的温室，早上有光温度低，下午适温期西墙挡阳光，均不利于延长作物光合作用时间和营养积累的弊端；⑨长度为74～94米，便于山墙吸热放热保秧、耕作和管理。建议各级领导及广大农民不要片面追求高大宽温室，要讲究安全、高产、优质、高效的设施和低投入、简操作的生产方式。

鸟翼形半地下式生态温室667平方米造价估算：

棚钢架 选直径3.2厘米粗的管材，下弦与W型减力筋用直径1.2厘米的线材，按跨度7.2米设计，需架长9米，每根做成价126元。间距3.6米，667平方米棚长80米，需钢架22个，合计2772元。

钢丝 直径2.6毫米的钢丝需150千克，合计750元。

棚膜 10丝厚的膜需100千克左右，每千克15元，合计1500元。

竹竿 粗头4厘米直径，每根4元；细头2厘米直径，每根2元，各需110根，合计660元。

草苫 稻草苫宽1.2米，厚4～5厘米，长9米，667平方米用80卷，每卷30～40元，合计3200元。

绳 塑料绳长18米，粗1.5厘米，每根4元，160根合计640元。

细钢丝 1.5～1.6毫米钢丝30千克，每千克5.5元，合计

165元，固竹竿棚架钢丝用。

预制件立柱　长4米，中间设5根2.2毫米直径的冷拉钢丝，宽厚为12厘米×6.5厘米，24元/根，需33根合计792元。后坡梁长2米，内置6根4毫米直径的冷拉丝，宽厚为7厘米×15厘米，每根16～32元，需33根，预制件合计1320～1848元。

压膜线　1卷100元。

垒山墙　放地锚，后坡上土700元。

其他　建筑工资2560元。机械挖壕3000～6000元，人工打墙1200元。上卷苫机4000元。装自动调温器500元。安装自动卷帘遥控器500元。

（原载北京《蔬菜》2010年第2期）

第二节　有机蔬菜生产的五大要素

一、五大要素

碳素有机肥（牛粪、秸秆或少量鸡粪，每吨35～60元）+地力旺EM生物菌（每千克25元）+钾（含量51%每50千克200元）+植物诱导剂（每50克25元）+植物修复素（每粒5～8元）=有机食品技术。

（1）决定作物高产的营养是碳、氢、氧，占植物干物质的95%左右。碳素有机质即干秸秆含碳45%，牛、鸡粪含碳20%～25%，饼肥含碳40%，腐植酸有机肥含30%～50%的碳。碳素物在自然杂菌的作用下只能利用20%～24%，属营养缩小型利用，而在生物菌的作用下利用率达100%。有机碳素物与地力旺EM生物菌结合能给益生物繁殖后代提供大量营养，每6～10分钟繁殖一代，其后代可从空气中吸收二氧化碳（含量330毫克/千克）、氮气（含量79.1%），能从土壤中分解矿物营养，属营养扩大型利用，可提高到150%～200%。所以碳素有机肥必须与EM生物菌结合，才能发挥巨大的增产作用。

（2）生物菌可平衡植物体营养，改善作物根际环境，根系发达。作物根与土壤接触，首先遇到的是根际土壤杂菌，用很大的能量与杂病菌抗争，生长自然差。在生物菌与碳素有机肥的根际环境下，根系生长尤其旺盛，可将种性充分发挥出来。经试验，根可增加1倍，果实可增大1倍，产量亦可增多1倍以上。另外，生物菌能将碳、氢、氧等元素以菌丝体形态通过根系直接进入植物体，是光合作用利用有机物的3倍。

（3）钾是长果壮秆的第二大重要元素。长果壮秆的第一大元素是碳，除青海、新疆部分地区的土壤含钾丰富外，多数地区要追求高产，需补钾。按国际公认，每千克钾可长鲜瓜果94～170千克，长全株可食鲜菜244千克左右，长小麦、玉米干籽粒33千克。缺钾地区补钾，产量就能大幅提高。

以上三要素是解决作物生长的外界因素，即营养环境问题，而以下两个要素则是解决内在因素问题。

（1）植物诱导剂可充分发挥植物生物学特性。可提高光合强度50%～4倍，增加根系0.7～1倍，能激活植物叶片沉睡的细胞，控制茎秆徒长，使植物体抗冻、抗热、抗病虫害，作物不易染病，就能充分发挥作物种性内在免疫及增产作用。该产品系中药制剂，667平方米用50克植物诱导剂，用500克开水冲开，放24小时，兑水40～60千克灌根或叶面喷洒。

（2）植物修复素可愈合病虫害伤口，2天见效，并可增加果实甜度1.5～2度，打破了植物顶端优势，使产品漂亮可口。

二、有机农产品基础必需物资——碳素有机肥

影响现代农业高产优质的营养短板是占植物体95%左右的碳、氢、氧（作物生长的三大元素是碳、氢、氧，占植物体干物质的96%；不是氮、磷、钾，它们只占3%以下）。碳、氢、氧有机营养主要存在于植物残体，即秸秆、农产品加工下脚料，如酿酒渣、糖渣、果汁渣、豆饼等和动物粪便，这些东西在自然界是有限的。而风化煤、草碳等就成了作物高产优质碳素营养的重要来源之一。

1. 有机质碳素营养粪肥

每千克碳素可长20～24千克新生植物体，如韭菜、菠菜、芹菜；茴子白减去30%～40%外叶，心球可产14～16千克；黄瓜、西红柿、茄子、西葫芦可产果实12～16千克，叶蔓占8～12千克。

碳素是什么，是碳水化合物，是碳氢物，是动、植物有机体，如秸秆等。干玉米秸秆中含碳45%，那么，1千克秸秆可生成韭菜、菠菜等叶类菜10.8千克（24×45%），可长茴子白、白菜7.56千克（24×45%×70%，去除了30%的外叶），可长茄子、黄瓜、西红柿、西葫芦等瓜果7.56千克

（24×45%×70%，去除了30%的叶蔓）。碳素可以多施，与生物菌混施不会造成肥害。

饼肥中含碳40%左右，其碳生成新生果实与秸秆差不多，牛粪、鸡粪中含碳均达25%，羊粪中含碳16%。

（1）牛粪。667平方米施5000千克牛粪含碳素1250千克，可供产果菜7500千克，再加上2500千克鸡粪中的碳素含量625千克供产果菜3750千克。总碳可供产西葫芦、黄瓜、西红柿、茄子果实1万千克左右；那么，可供产叶类菜2万千克左右。

（2）鸡粪。鸡粪中含碳也是25%左右，含氮1.63%，含磷1.5%，667平方米施鸡粪1万千克，可供碳素2500千克，按每千克碳素产瓜果6千克计算，这些碳素可产瓜果2500千克×6=15 000千克。但是，这会导致667平方米氮素达到163千克，超过667平方米合理含氮19千克的8倍；磷150千克，超标准要求15千克的10倍，肥害成灾，结果是作物病害重，越种越难种，高质量肥投入反而产量上不去。

（3）秸秆。秸秆中的碳为什么能壮秆、厚叶、膨果呢？

一是含碳秸秆本身就是一个配比合理的营养复合体，固态碳通过地力旺EM生物菌液生物分解能转化成气态碳，即二氧化碳，利用率占24%，可将空气中的一般浓度300～330毫克/千克提高到800毫克/千克，而满足作物所需的浓度为1200毫升/千克，太阳出来1小时后，室内一般只有80毫克/千克，缺额很大。秸秆中含碳95%被地力旺EM生物菌液分解直接组装到新生植物和果实上。再是秸秆本身含碳氮比为

80：1，一般土壤中含碳氮比为8～10：1，满足作物生长的碳氮比为30～80：1，碳氮比对果实增产的比例是1：1。显然，碳素需求量很大，土壤中又严重缺碳。化肥中碳营养极其少甚至无碳，为此，作物高产施碳素秸秆肥显得十分重要。二是秸秆中含氧高达45%。氧是促进钾吸收的气体元素，而钾又是膨果壮茎的主要元素。再是秸秆中含氢6%，氢是促进根系发达和钙、硼、铜吸收的元素，这两种气体是壮秧抗病的主要元素。三是按生物动力学而言，果实含水分90%～95%，1千克干物质秸秆可供长鲜果秆是10～12千克，植物遗体是招引微生物的载体，微生物具有解磷释钾固氮的作用，还能携带16种营养并能穿透新生植物的生命物，系平衡土壤营养和植物营养的生命之源。秸秆还能保持土温，透气，降盐碱害，其产生的碳酸还能提高矿物质的溶解度，防止土壤浓度大灼伤根系，抑菌抑虫，提高植物的抗逆性。所以，秸秆加菌液，增产没商量。

其用法为：将秸秆切成5～10厘米段，撒施在田间，与耕作层土35厘米左右内充分拌匀，浇水，使秸秆充分吸透水，定植前15天或栽苗后，随浇定植水冲入地力旺EM生物菌液2千克左右。冲生物菌时不要用消毒自来水，不随之冲化学农药和化肥，天热时在晚上浇，天冷时在20℃以上时浇，有条件的可提前3～5天将地力旺EM生物菌液2千克拌和6～16千克麦麸和谷壳，定植时将壳带菌冲入田间，效果更好。也可以提前1～2个月，将鸡粪、牛粪、秸秆拌和沤制，施前15天撒入EM生物菌。

（4）应用实例。

谭秋林用生物有机钾肥种植草莓667平方米收入4.5万元 河北省石家庄市栾城县柳林屯乡范台村谭秋林，2008年在温室里种植草莓。667平方米施鸡粪8方，用有益生物菌分解，结果期追施俄罗斯50%硫酸钾30千克，产草莓2250千克，每千克售价20元。到2009年3月10日，出现干边症，每次浇水追施生物菌液2千克解症。建议今后施鸡粪、牛粪各4方，产量更高。结果期叶面喷施植物修复素1～2次，着色及甜度更佳。

山西新绛县西行庄光立虎在西南董村指导的温室茄子，选用荷兰布里塔品种，按秸秆、EM生物菌、植物诱导剂、钾技术管理，2009年7月下种，2010年6月结果，亩产2.2万千克，收入4万余元。以“按马新立模式种植茄子产量高 ”为题刊登在2010年4月20日《山西农民报》上。

山西新绛县西曲村马林生，2009年8月在pH值8.3的盐碱地里种植意大利生菜，按有机肥+EM生物菌管理，10月底收获，667平方米产4000千克，比南方400千克增产9倍，是北方常规技术667平方米产1200千克的3倍多。

西横桥村王太生用EM生物菌处理过的污泥施入甘蓝田，在pH值7.4的盐碱地，667平方米产7500千克，比过去常规种植法增产1倍左右。

2. 生物有机肥对作物有七大作用

（1）胡敏酸对植物生长的刺激作用。腐植酸中含胡敏酸38%，用氢氧化钠可使胡敏酸生成胡敏酸钠盐和铵盐，施入农田能刺激植物根系发育，增加根系的数目和长度。根多而长，植物就耐旱、耐寒、抗病，生长旺盛。作物又有深根系主长果实，浅根系主长叶蔓的特性，故发达的根系是决定作物丰产的基础。

（2）胡敏酸对磷素的保护作用。磷是植物生长的中量元素之一，是决定根系的多少和花芽分化的主要元素。磷素是以磷酸的形式供植物吸收的，目前一般的当季利用率只有15%～20%，大量的磷素被水分稀释后失去酸性，被土壤固定，失去被利用的功效，只有同EM地力旺生物菌液或EM地力旺生物有机肥结合，穴施或条施才能持效。腐植酸肥中的胡敏酸与磷酸结合，不仅能保持有效磷的持效性，并能分解无效磷，提高磷素的利用率。无机肥料过磷酸钙施入田间极易氧化失去酸性而失效，利用率只有15%左右。腐植酸有机肥与磷肥结合，利用率提高1～3倍，达30%～45%，每667平方米施50千克腐植酸肥拌磷肥，相当于100～120千克过磷酸钙。肥效能均衡供应，使作物根多、蕾多、果实大、籽粒饱满，味道好。

（3）提高氮碳比的增产作用。作物高产所需要的氮碳比例为1：30，增产幅度为1：1。近年来，人们不注重碳素有机肥投入，化肥投量过大，氮碳比仅有1：10左右，严重制约着作物产量。腐植酸肥中含碳为45%～58%，增施腐植酸肥，作物增产幅度达15%～58%。2008年，山西省新绛县孝义坊村万青龙，将红薯秧用植物诱导剂800倍液沾根，栽在施有50%的腐植酸肥的土地上，一株红薯长到51千克。由此证明，碳氮比例拉大到80：1，产量亦高。

(4) 增加植物的吸氧能力。生物有机肥是一种生理中性抗硬产品，与一般硬水结合一昼夜不会产生絮凝沉淀，能使土壤保持足氧态。因为根系在土壤19%含氧状态下生长最佳，有利于氧化酸活动，可增强水分营养的运转速度，提高光合强度，增加产量。腐植酸肥含氧31%～39%。施入田间时可疏松土壤，贮氧吸氧及氧交换能力强。所以，腐植酸肥又被称为呼吸肥料和解碱化盐肥料，足氧环境可抑制病害发生、发展。

(5) 提高肥效作用。生物有机肥生产采用新技术，使多种有效成分共存于同一体系中，多种微量元素含量在10%左右，活性腐植酸有机质53%左右。大量试验证明，综合微肥的功效比无机物至少高5倍，而叶面喷施比土施利用率更高。腐植酸肥含络合物10%以上，叶面或根施都是多功能的，能提高叶绿素含量，尤其是难溶微量元素发生螯合反应后，易被植物吸收，提高肥料的利用率，所以，腐植酸肥还是解磷固氮释钾肥料。

(6) 提高植物的抗虫抗病作用。生物有机肥中含芳香核、羰基、甲氧基和羟基等有机活性基因，对虫有抑制作用，特别是对地蛆、蚜虫等害虫有避忌作用，并有杀菌、除草作用。腐植酸肥中的黄腐酸本身有抑制病菌的作用，若与农药混用，将发挥增效缓释能力。对土传菌引起的植物根腐死株，施此肥可杀菌防病，也是生产有机绿色产品和无土栽培的廉价基质。

(7) 改善农产品品质的作用。钾素是决定产量和质量的中量元素之一，土壤中钾存在于长石、云母等矿物晶格中，不溶于水，含这类无效钾为10%左右，经风化可转化10%的缓性有效钾，速效钾只占全钾量的1%～2%，经腐植酸有机肥结合可使全钾以速效钾形态释放出80%～90%，土壤营养全，病害轻。腐植酸肥中含镁量丰富，镁能促进叶面光合强度，植物必然生长旺，产品含糖度高，口感好。腐植酸肥对植物的抗旱、抗寒等抗逆作用，对微量元素的增效作用，对病虫害的防治和忌避作用，以及对农作物生育的促进作用，最终表现为改进产品品质和提高产量。生育期注重施该肥，产品可达到出口有机食品标准要求。

目前河南省生产的“抗旱剂一号”，新疆生产的“旱地龙”，北京生产的“黄腐酸盐”，河北省生产的“绿丰95”、“农家宝”，美国产的高美施等均系同类产品，且均用于叶面喷施。叶用是根用的一种辅助方式，它不能代替根用，腐植酸有机肥是目前我国唯一的根施高效价廉的专利产品。山西临汾市尧都区汾河基酸厂（0357–2682734，13700583151）生产的地力旺EM生物菌肥利用以上七大优点，增添了有益菌、钾等营养平衡物与作物必需的大量元素，生产出一种平衡土壤营养的复合有机肥，通过在各种作物上作为基肥使用，增产幅度为15%～54%，投入产出比达1：9。如与生物菌、钾、植物诱导剂结合，可提高产量0.5～3 倍。

（8）建议应用方法。腐植酸即风化煤产品30%～50%+鸡、牛粪或豆饼各15%～30%，每60～100吨有机碳素肥用地利旺EM生物菌液1吨处理后做基肥使用。并配合天然矿物钾或50%硫酸钾，按每千克供产叶菜150千克，产果瓜菜80千克，产干籽粒，如水稻、小麦、玉米0.8千克投入（这3个外因条件必须配合）。另外，每667平方米用植物诱导剂50克，按800倍液拌种或叶面喷洒、灌根，来增强作物抗热、抗冻、冻病性，提高叶片光合强度，控秧蔓防徒长，增根膨果。用植物修复素来打破植物生长顶端优势，营养往下部果实中转移，提高果实含糖度1.5～2度，打破沉睡的叶片细胞，提高产品和品质效果明显。

（9）应用实例。2010年河南省开封市尉氏县寺前刘村刘建民，按牛粪、地力旺生物有机肥压碱保苗，植物诱导剂控秧促根防冻，有益菌发酵腐植酸肥，增施钾膨果、植物修复素增甜增色，蔬菜漂亮，应用这套技术，拱棚西红柿增产50%到1倍。

2010年山西省新绛县北古交村黄庆丰，温室茄子用碳素肥+生物菌+钾+植物诱导剂，667平方米一茬产茄果2万千克，收入4万元左右。

三、有机农产品生产主导必需物资——壮根生物菌液

食品从数量、质量上保证市场供应，是民生和“三农”经济低投入、高产出的注目点。利用整合技术成果发展有机农业已成为当今时代的潮流。笔者总结的“碳素有机肥（秸秆、畜禽粪、腐植酸肥等）+地力旺EM生物菌液+天然矿物硫酸钾+植物诱导剂+植物修复素等技术=农作物产量翻番和有机食品”，2010年山西省新绛县立虎有机蔬菜专业合作社在该县西行庄、南张、南王马、西南董、北杜坞、黄崖村推广

应用，西红柿一年两作667平方米产3万～4万千克。

其中，生物菌液在其中起主导作用，该产品活性益生菌含量高、活跃，其应用好处有：①能改善土壤生态环境，根系免于杂、病菌抗争生长，故顺畅而发育粗壮，栽秧后第二天见效。②能将畜禽粪中的三甲醇、硫醇、甲硫醇、硫化氢、氨气等对作物根叶有害的毒素转化为单糖、多糖、有机酸、乙醇等对作物有益的营养物质。这些物质在蛋白裂解酶的作用下，能把蛋白类转化为脒态、肽态可溶性物，供植物生长利用，产品属有机食品。避免有害毒素伤根伤叶，作物不会染病死秧。③能平衡土壤和植物营养，不易发生植物缺素性病害，栽培管理中几乎不考虑病害防治。④土壤中或植物体沾上地力旺EM生物菌液，就能充分打开植物二次代谢功能，将品种原有的特殊风味释放出来，品质返璞归真，而化肥是闭合植物二次代谢功能之物质，故作用产品风味差。⑤能使害虫不能产生脱壳素，用后虫会窒息而死，减少危害，故管理中虫害很少，几乎不大考虑虫害防治。⑥能将土壤有机肥中的碳、氢、氧、氮等营养以菌丝残体的有机营养形态供作物根系直接吸收，是光合作用利用有机质和生长速度的3倍，即有机物在自然杂菌条件下的利用率20%～24%可提高到100%，产量也就能大幅度增加。⑦能大量吸收空气中的二氧化碳（含量为330毫克/千克）和氮（含量为79.1%），只要有机碳素肥充足，地力旺EM生物菌液撒在有机肥上，就能以有机肥中的营养为食物，大量繁殖后代（每6～20分钟生产一代），便能从空气中吸收大量作物生长所需营养，由自然杂菌吸收量不足1%提高到3%～6%，也就满足了作物生长对氮素的需求，基本不考虑再施化学氮肥。⑧地力旺EM生物菌液能从土壤和有机肥中分解各种矿物元素，在土壤缺钾时，除补充一定数量的钾外（每50%天然矿物硫酸钾100千克，供产鲜瓜果8000千克、供产粮食800千克投入，（未将有机肥及土壤中原有的钾考虑进去），其他营养元素就不必考虑再补充了。⑨据中国农科院研究员刘立新研究，生物菌分解有机肥可产生黄酮，氢肟酸类、皂苷、酚类、有机酸等是杀杂、病菌物质。分解产生胡桃酸、香豆素、羟基肟酸能抑草杀草。其产物有葫芦素、卤化萜、生物碱、非蛋白氨基酸、生氰糖苷、环聚肽等物，具有对虫害的抑制和毒死作用。⑩能分解作物上和土壤中的残毒及超标重金属，作物和田间常用地力旺EM生物菌液或用此菌生产的有机肥，产品能达到有机食品标准要求。2008—2010年山西省新绛县用此技术生产的蔬菜，供应深圳与香港、澳门地区及中东国家，在国内外化验全部合格。⑪梅雨时节或多雨区域，作物上用地力旺EM生物菌液，根系遇连阴天不会太萎缩，太阳出来也就不会闪苗凋谢死秧，可增强作物的抗冻、抗热、抗逆性，与植物诱导剂（早期用）和植物修复素（中后期可用）结合施用，真、细菌病害，病毒病不会对作物造成大威胁，还可控秧促根，控蔓促果，提高光合强度，促使产品丰满甘甜。⑫田间常冲生物菌液，能改善土壤理化性质，化解病虫害的诱生源，其中含淡紫青霉菌能防止作物根癌发生发展（根结线虫）。⑬盐碱地是缺有机质碳素物和生物菌所致，将二者拌和施入作物根下，就能长庄稼，再加入少量矿物钾，3个外因能满足作物高产优质所需的大量营养，加上在苗期用植物诱导剂，中后期用植物修复素增强内因功能，作物就可以实现优质高产了。

理论和实践均证明，农业上应用生物技术成果的时机已经到来，综合说明地力旺EM生物菌液是有机农产品生产的主导必要物资，能量作用是巨大的，哪里引爆哪里就有收获。

四、土壤保健瑰宝——赛众28钾硅调理肥

赛众28钾肥是一种集调理土壤生物系统和物质生态营养环境于一身的矿物制剂，已经北京五洲恒通认证公司认定为有机农产品准用物资。

其主要营养成分是：含硅42%，施入田间可起到避虫作用；含天然矿物速效钾8%，起膨果壮秆作用；含镁3%，能提高叶片的光合强度；含钼对作物起抗旱作用；含铜、锰，可提高作物抗病性；含多种微量和稀土元素可净化土壤和作物根际环境，招引益生菌，从而吸附空气中的养分，且能打开植物次生代谢功能，使作物果实生长速度加快，细胞空隙缩小，产品质地密集，含糖度提高，上架期及保存期延长，能将品种特殊风味素和化感素释放出来，达到有机食品标准要求。

防治各种作物病的具体用法：

作物发生根腐病、巴拿马病。根据植株大小施赛众28肥料若干，病情严重的可加大用量，将肥料均匀撒在田间后深翻，施肥后如果干旱，就适量浇水。

作物发生枯萎病。在播种前结合整地667平方米施赛众肥料50～75千克，病害较重田块要加大肥量25千克，苗期后

在叶面连续喷施赛众28钾硅肥液5～8次即可防病。

作物遭受冻害、寒害。发现受害症状，立即用赛众28浸出液喷施在叶面或全株，连续5次以上，可使受害的农作物减轻危害，尽快恢复生长。

作物发生流胶病。在没有发病的幼苗施赛众28肥料可避免病害发生。已发病作物，根据发病程度和苗情一般667平方米施20千克左右，若发病重，则适当增施。

作物发生小叶、黄叶病。每667平方米田间施25千克赛众28肥料，大秧和发病重的增至40千克，同时叶面喷施赛众28肥液，每5天喷1次，连续喷施5次以上。

防治重茬障碍病。瓜、菜类作物根据重茬年限在（播）栽前结合整地，667平方米施赛众28肥料25～50千克，同时用赛众28拌种剂拌种或肥泥蘸种苗移栽。补栽时每个栽植坑用肥少许，撒在挖出的土和坑底搅匀，再用赛众28拌种剂肥泥蘸根栽植。

腐烂病防治。在全园撒施赛众28肥料的基础上，用1份肥料与3份土混合制成的肥泥覆盖病斑，用有色塑膜包扎即可。

农作物遭受除草剂或药害后的解救法。发现受害株后立即用赛众28肥料浸出液喷施受害作物，5天喷1次，连续喷洒5～7次即可，能使作物恢复正常生长。在叶面上喷植物修复素也可解除除草剂药害。

叶面喷洒配制方法。5千克赛众肥料+水+食醋，置于非金属容器里浸泡3天，每天搅动2～3次，取清液再加25千克清水即可喷施。一次投肥可连续浸提5～8次，以后加同量水和醋，最后把肥渣施入田间。浸出液可与酸性物质配合使用。

五、提高有机农作物产量的物质——植物诱导剂

植物诱导剂是由多种有特异功能的植物体整合而成的生物制剂，作物沾上植物诱导剂能使植物抗热、抗病、抗寒、抗虫、抗涝、抗低温弱光，防徒长，作物高产优质等，是有机食品生产准用投入物（2009年4月4日被北京五洲恒通有限公司认证，编号GB/T 19630.1—2005）。

据内蒙古万野食品有限公司2007年2月28日化验，叶面喷过植物诱导剂的番茄果实中，含红色素达6.1～7.75毫克/100克，较对照组3.97～4.42毫克/100克，增加了58%～75.3%（红色素系抗癌、增强人体免疫力的活力素）。所以植物诱导剂喷洒在作物叶片上就可增加番茄红色素2～3倍。同时番茄挂果成果多，可减少土壤中的亚硝酸盐含量，只有22～30毫克/千克，比国家标准40毫克/千克含量也降低了许多，同时食品中的亚硝酸盐含量也降低了许多。另据甘肃省兰州市榆中绿农业科技发展公司，2000年12月21日化验，黄瓜用过植物诱导剂后，其叶片净光合速率是对照组的3.63～5.31倍。

植物诱导剂被作物接触，光合强度增加50%～491%（国家GPT技术测定），细胞活跃量提高30%左右，半休眠性细胞减少20%～30%，从而使作物超量吸氧，提高氧利用率达1～3倍，这样就可减少氮肥投入，同时再配合施用生物菌吸收空气中的氮和有机肥中的氮，基本可满足80%左右的氮供应，如果667平方米有机肥施量超过10方，鸡、牛粪各5方以上，在生长期每隔一次随浇水冲入地力旺EM生物菌液1～2千克，就可满足作物对钾以外的各种元素的需求了。

作物使用植物诱导剂后，酪氨酸增加43%，蛋白质增加25%，维生素增加28%以上，就能达到不增加投入、提高作物产量和品质的效果。

光合速率大幅提高与自然变化逆境相关，即作物沾上植物诱导剂液体，幼苗能抗7～8℃低温，炼好的苗能耐6℃低温，免受冻害，特别是花芽和生长点不易受冻。2009年河南、山西出现极端低温−17℃，连阴数日后，温室黄瓜出现冻害，而冻前用过植物诱导剂者则安然无恙。

因光合速率提高，植物体休眠的细胞减少，作物整体活动增强，土壤营养利用率提高，浓度下降，使作物耐碱、耐盐、耐涝、耐旱、耐热、耐冻。光合作物强、氧交换能量大，高氧能抑菌灭菌，使花蕾饱满，成果率提高，果实正、叶秆壮而不肥。

作物产量低，源于病害重，病害重源于缺营养素，营养不平衡源于根系小，根系小源于氢离子运动量小。作物沾上植物诱导剂，氢离子会大量向根系输送，使难以运动的钙、硼、硒等离子活跃起来，使作物处于营养较平衡状态，作物不仅抗病虫侵袭性强，且产量高，风味好，还可防止氮多引起的空心果、花面果、弯曲果等。这就是植物诱导剂与相应物质匹配增产优异的原因。

一是因为碳素物是作物生长的三大主要元素，在作物干物质中占45%左右，应注重施碳素有机肥。二是因为地力旺EM生物菌与碳素物结合，益生菌有了繁殖后代的营养物，碳素物在益生菌的作用下，可由光合作用利用率的20%～24%提高到100%，76%～80%营养物是通过根系直接吸收利用，所以作物体生长就快，可增加2～3倍，我们要追求果实产量，就要控制茎秆生长，提高叶面的光合强度，植物诱导剂就派上用场，能控秧促根，控蔓促果，使叶茎与果实由常规下的5：5，改变为3～4：6～7，果实产量也就提高20%～40%。

植物诱导剂1200倍液，在蔬菜幼苗期叶面喷洒，能防治真、细菌病害和病毒病，特别是西红柿、西葫芦易染病毒病，早期应用效果较好。作物定植时按800倍液灌根，能增加根系0.7～1倍，矮化植物，营养向果实积累。因根系发达，吸收和平衡营养能力强，一般情况下不沾花就能坐果，且果实丰满漂亮。

生长中后期如植物株徒长，可按600～800倍液叶面喷洒控秧。作物过于矮化，可按2000倍液叶面喷洒解症。因蔬菜种子小，一般不作拌种用，以免影响发芽率和发芽势。粮食作物每50克原粉沸水冲开后配水至能拌30～50千克种子为准。

具体应用方法：取50克植物诱导剂原粉，放入瓷盆或塑料盆（勿用金属盆），用500克开水冲开，放24～48小时，兑水30～60千克，灌根或叶面喷施。密植作物如芹菜等可667平方米放150克原粉用1500克沸水冲开液随水冲入田间，稀植作物如西瓜667平方米可减少用量至原粉20～25克。气温在20℃左右时应用为好。作物叶片蜡质厚如甘蓝、莲藕，可在母液中加少量洗衣粉，提高黏着力，高温干旱天气灌根或叶面喷后1小时浇水或叶面喷1次水，以防植株过于矮化并提高植物诱导剂效果。植物诱导剂不宜与其他化学农药混用，而且用过植物诱导剂的蔬菜抗病避虫，所以也就不需要化学农药。

用过植物诱导剂的作物光合能力强，吸收转换能量大，故要施足碳素有机肥，按每千克干秸秆长叶菜10～12千克，果菜5～6千克投入，鸡、牛粪按干湿情况酌情增施。同时增施品质营养元素钾，按50%天然矿物钾100千克，产果瓜8000千克，产叶菜1.6万千克投入，每次按浇水时间长短随水冲施10～25千克。每间隔一次冲施地力旺EM生物菌液1～2千克，提高碳、氢、氧、钾等元素的利用率。

2010年山西省新绛县南王马村和襄汾县黄崖村用生物技术，夏秋西红柿667平方米产1万～2万千克，而对照全部感染病毒病而拔秧。

六、 作物增产的“助推器”——植物修复素

每种生物有机体内都含有遗传物质，这是使生物特性可以一代一代延续下来的基本单位。如果基因的组合方式发生变化，那么基因控制的生物特性也会随之变化。科学家就是利用了基因这种可以改变和组合特点来进行人为操纵和修复植物弱点，以便改良农作物体内的不良基因，提高作物的品质与产量。

植物修复素的主要成分：B-JTE泵因子、抗病因子、细胞稳定因子、果实膨大因子、钙因子、稀土元素及硒元素等。

作用：具有激活植物细胞，促进分裂与扩大，愈伤植物组织，快速恢复生机；使细胞体积横向膨大，茎节加粗，且有膨果、壮株之功效，诱导和促进芽的分化，促进植物根系和枝杆侧芽萌发生长，打破顶端优势，增加花数和优质果数；能

使植物体产生一种特殊气味，抑制病菌发生和蔓延，防病驱虫；促进器官分化和插、栽株生根，使植物体扦插条和切茎愈伤组织分化根和芽，可用于插条砧木和移栽沾根，调节植株花器官分化，可使雌花高达70%以上；平衡酸碱度，将植物营养向果实转移；抑制植物叶、花、果实等器官离层形成，延缓器官脱落、抗早衰，对死苗、烂根、卷叶、黄叶、小叶、花叶、重茬、落铃、落叶、落花、落果、裂果、缩果、果斑等病害症状有明显特效。

功能：打破植物休眠，使沉睡的细胞全部恢复生机，能增强受伤细胞的自愈能力，创伤叶、茎、根迅速恢复生长，使病害、冻害、除草剂中毒等药害及缺素症、厌肥症的植物24小时迅速恢复生机。

提高根部活力，增加植物对盐、碱、贫瘠地的适应性，促进气孔开放，加速供氧、氮和二氧化碳，由原始植物生长元点，逐步激活达到植物生长高端，促成植物体次生代谢。植物体吸收后8小时内明显降低体内毒素。使用本品无须担心残留超标，是生产绿色有机食品的理想天然矿物物质。

用法：可与一切农用物资混用，并可相互增效1倍。

适用于各种植物，平均增产20%以上，提前上市，糖度增加 2 度左右，口感鲜香，果大色艳，保鲜期长，耐贮运。

育苗期、旺长期、花期、坐果期、膨大期均可使用，效果持久，可达30天以上。

将胶囊旋转打开，将其中粉末倒入水中，每粒兑水14～30千克叶面喷施，以早晚20℃左右时喷施效果为好。

总而言之，应用五大要素整合创新技术，可以使土壤健康，从而打开植物的二次代谢功能，提高产量。

西方观念对疾病的处理态度是清除病毒病菌，从用西药到切除毒物均是缘于这种观念，所以在生产有机蔬菜上是讲干净环境，无大肠菌，从用化肥、化学农药到禁用化学农药与化肥，在作物管理上是跟踪、监控、检测，产量自然低，品质自然差。

中国人的观念是对病进行调理，人与自然要和谐相处，包括病毒、病菌、抗生素和有益菌。所以，中国式传统农业是有机肥+轮作倒茬，土壤和植物的保健作业。在生产有机食品上的现代做法是，碳素有机肥+EM生物菌+植物诱导剂+赛众28等。主次摆正，缺啥补啥，扬长补短。

在栽培管理上，注重中耕伤根、环剥伤皮、打尖整枝伤秧、利用有益菌等，打开植物体二次代谢功能而增产，保持产品原有风味。

中国农业科学院土肥所刘立新院士从2000年开始提出用农业生产技术措施，在生产有机农业产品上意义重大。他提出“植物营养元素的非养分作用”，就是说作物初生根对土壤营养的吸收利用是有限的，而通过育苗移栽，适当伤根，应用有益生物菌等作物根系吸收土壤营养的能力是巨大的，这就是植物次生代谢功能的作用。

用有益菌发酵分解有机碳素物，是选择特殊微生物，让作物发挥次生代谢作用，可以实现营养大量利用和作物高产优质。比如秸秆、牛粪、鸡粪施在田间后，伴随冲施地力旺EM

生物菌，作物体内营养在光合作用大循环中，将没有转换进入果实的营养，在没有流向元点时，中途再次进入营养循环系统去积累生长果实，即二次以后不断进行营养代谢循环，就能提高碳素有机物利用率1～3倍，即增产1～3倍。

作物缺氮不能合成蛋白质，也就不能健康生长，影响产量。施氮，其中的硝酸盐、亚硝酸盐污染作物和食品，使生产有机食品成为一个难题。而用地力旺EM有益菌+氨基酸与有机碳素物结合，成为生物有机肥，可以吸收空气中的氮和二氧化碳，解决作物所需氮素营养的60%～80%，加之有机肥中的氮素营养，就能满足作物高产优质对氮的需要。在缺钾的土壤中施钾；用植物诱导剂控秧促根，提高光合强度，激活叶面沉睡的细胞；地力旺EM生物菌在碳素有机肥的环境中，扩大繁殖后代，可比对照增产1～5倍；其中的原因就是地力旺EM生物菌打开了植物二次代谢物质充足供应的重要作用。

有机肥内的腐植质中含有百里氢醌，能使土壤溶液中的硝酸盐在有益微生物菌活动期间提供活性氢，在加氢反应后还原成氨态氮，不产生和少产生硝酸盐，植物体内不会大量积累这类物质，土壤健康，植物就健康；食品安全，人体食用后也就健康。

土壤中有了充足的碳素有机肥、地力旺EM生物菌和赛众28矿物营养肥，土壤就呈团粒结构良好型、含水充足型、抗逆型、含控制病虫害物质型。

其中分解物类有黄酮、氢肟酸类、皂苷、酚类、有机酸等有杀杂菌作用的物质；分解产生的胡桃酸、香豆素、羟基肟酸，能杀死杂草；其产物中有葫芦素、卤化萜、生物碱、非蛋白氨基酸、生氰糖苷、环聚肽等物质，具有对虫害的抑制和毒死作用。

碳素有机肥在有益菌的作用下，与土壤、水分结合，使植物产生次生代谢作用形成氨基酸，氨基酸又能使植物产生丰富的风味物质，即芳香剂、维生素P、有机酸、糖和一萜类化合物，从而使农产品口感良好，释放出品种特有的清香酸甜味。

日本专家认为，过去土壤管理存在失误，被非科学“道理”忽悠着，钱花了、色绿了、作物长高了，产量却徘徊不前，甚至品质下降了，病虫害加重了。化学物的施用，成本高了、污染重了，农业生产出次品，人吃带毒食品，后代健康受到巨大影响。

土壤中凡用过化肥、化学农药的，其作物就具有螯合的中微量元素，即具有供应电子和吸收电子功能，导致元素间互相拮抗，从而闭合植物的次生代谢功能，自然营养利用率就低。而给土壤投入地力旺EM生物菌和赛众28矿物营养肥，打开作物次生代谢之门，化感物质和风味物质就会大量形成，栽培环境就成为生命力强的土壤健康状态。

第三节　实例分析

1. 赵全鸟翼形温室茄子阶梯形留果667平方米产2.5万千克，收入6万余元

辽宁省台安县新台镇新台村赵全2006年在鸟翼形生态温

室内栽培茄子，667平方米产2.51万千克，收入61 240余元。

品种与茬口　选用荷兰布利塔765品种，667平方米备种子2100粒。用200倍液的硫酸铜剂浸种15分钟消毒，再用清水冲洗。果实长卵形、紫黑色、绿萼。越冬耐低温弱光，花芽分化好，植株耐寒、可矮化管理，易坐果，不易僵果。6月上旬下种，7月下旬定植，8月中下旬上市，到第2年7月下旬结束，苗龄55天，667平方米栽2000株，生长期365天。

营养土配制　腐熟牛粪40%，非茄果类茬园土40%，腐植酸磷肥20%，拌地力旺EM生物菌液500克，667平方米备苗床25平方米，45%生物钾1千克，拌匀装入8厘米粗、10厘米高的营养钵。床土疏松而不散墩，营养平衡。勿施化学氮肥和未腐熟粪肥。

下种　先用白酒浸泡种子，畦内浇4厘米深水，水渗完后下种，用500克地力旺EM生物菌液拌土20千克，覆盖种子，厚0.8厘米，支覆盖物保湿遮阳。二叶一心时，分栽于营养钵内，栽完后用1000倍液硫酸锌水浇灌，诱长深根，宜早缓苗。生长后期叶面喷2次铜铵合剂，即硫酸铜50克拌碳酸氢铵75克，兑水14千克叶面喷洒。根大、无病，秧不过肥、不老化。上用铜制剂，下用生物菌，防止带病秧引起结果期发生黄萎病死秧。

设施结构　选用鸟翼形长后坡矮后墙半地下式生态温室，即跨度8.2～9.2米，栽培跨度6.6～7.6米，后墙底厚1.2米，上端厚1米，走道40厘米，后屋深1.6米，后墙高1.5米，前沿内切角30°～50°，方位正南偏西9°，棚高3.1～3.3

米，地平面以下30～60厘米，棚长84～100米。2008年1月18日当地室外气温为-18℃；室内最低温度为11.5度，白天太阳出来后为26～30℃，开花授粉期棚内温度夜间最低12.8℃，茄子生长良好。冬季每10天收获一次，667平方米产果350～400千克，3～9月份，每4天收获一茬，产果450～500千克。该村此类温室由2002年的32个发展到2007年的328个。

选膜 温室茄子覆盖宜用浑江产聚乙烯三层复合紫光膜，紫外线透过率高，0.08～0.1厘米厚，667平方米用80～100千克；冬季光照充足，地温较高，湿度较低，可防植株徒长和沤根染病等。

营养运筹 按一茬667平方米产2.5万千克设计投肥。每千克氮可供产果实380千克，叶片消耗40%，共需纯氮92千克；每千克磷可供产果实660千克，叶秆消耗30%，共需磷49.8千克；每千克钾可供产果实120千克，叶秆消耗22%，共需钾253千克；每千克碳可供产果实12千克，茎蔓约消耗30%，共需施碳2083千克。

鸡粪中含氮1.63%、磷1.5%、钾0.85%、碳25%。施2500千克鸡粪中含氮40.7千克、磷37.5千克、钾21.5千克、碳625千克。牛粪中含氮0.32%、磷0.21%、钾0.16%、碳25%。667平方米施7000千克牛粪，含氮22.4千克、磷14.7千克、钾11.2千克、碳1750千克。鸡、牛粪总含氮63.1千克、磷52.2千克、钾32.7千克、碳2375千克。同时需施地力旺EM生物菌液30～45千克（1千克兑水10千克拌红糖1000克追水浇入田间）。氮、磷、碳素供需数量基本吻合，缺钾220千克，土壤中碳素充足对作物生长有利无害，生长期每隔10天随水冲地力旺EM生物菌液1～2千克，冲施45%的硫酸钾10～25千克，果实膨大快，不易染病死秧，可防裂茎折枝，并且果实重，充实丰满；从早期就要注重控秧防徒长，将茎节控制在12厘米左右，稍有徒长，按600倍液植物诱导剂叶面喷洒一次，控秧，提高叶片光合强度；每隔15天叶面喷一次植物修复剂，保持叶片平展，果色油亮。每层果长成后将果下叶片摘掉。

必须用生物菌分解保护有机碳营养，吸收空气中的二氧化碳（300毫克/千克）和氮气（含量79.1%)，第1年栽茄可增加粪肥30%，3年以上的地块持平或减少用粪肥。因土壤中667平方米含氮19千克为平衡，磷要保持酸性均衡供应，故鸡粪要与生物菌混合，穴侧施或沟施。

定植 按大行80厘米，小行60厘米，株距45～55厘米，667平方米栽2000株定植。以埋住营养土钵为准。栽完后浇水前1小时，用800倍液的植物诱导剂，灌根茎部一次，可增根50%～70%。注意合理利用空间和阳光，中后期以地面见5%直射光为准，根壮。在定植穴内施硫酸铜2千克拌碳酸氢铵9千克，或地力旺EM生物菌固体10～20千克，防止黄萎病，两者勿同时用。

浇水 栽后1小时浇一足水，此后控水蹲苗，促扎深根。温室越冬栽培，冬前浇一足水，防止干旱受冻伤根。开花结果期见干见湿，这期水足产量高，寒冷季节20℃以上可浇水。深根长果实，浅根叶蔓旺，应控秧促根。茄秧喜水，但不宜小水频浇；结果期在植株不徒长的情况下，不要缺水，防止干旱受冻叶片黄化。

温度 白天温度控制在25～30℃，前半夜18℃，后半夜12.8℃。8～12月份防温过高，控秧促根，12～3月保夜温促授粉受精，1～5月防夜温过高植株徒长，否则减产30%～50%。夜温高迟盖草苫，反之早盖捂温，阴天也拉开草苫见光提温。

保蕾促果 幼苗期用700倍液的硫酸锌点浇较小秧苗，以便在7天左右将秧赶整齐，生长期互不遮阴，均匀开花授粉。秧徒长时用600倍液植物诱导剂叶面喷洒，控秧促长壮蕾果。开花期在花蕾上喷700倍液硼砂（40℃热水化开），促花粉粒饱满散发。低温期喷硫酸锌1000倍液促柱头伸出授粉受精。生长中随浇水30～40次667平方米施地力旺EM生物菌液1～2千克，平衡土壤和植物营养。也可用“丰产露”配绿浪或者“纤手”喷洒叶花，保蕾促果。禁防氮多、夜温低化蕾或僵化果。

整枝 双秆整枝，阶梯形留果，即门茄收获后，对茄着果之上留四门斗枝，待4个果“瞪眼”时，摘去两个弱枝生长点，让两个强枝继续生长，再长四个枝四果，再摘去两个弱枝生长点，往上依次类推。对茄以上每层4果，株高1.8米可长9～10层果，株产36果左右，单果重350克，平均株产25千克左右。667平方米产茄果2.5万千克，平均每千克1.6元，收入4万元左右。枝叶拥挤度以高温强光期叶片遮盖95%地面为准。

营养防病 心叶黄补铁。下叶黄补氮。全株叶黄补镁。叶脉皱、空洞果、花不开补硼。叶缘皱补钙（过磷酸钙50克，米醋50克，兑水14千克叶面喷洒或喷食母生，每14千克放30粒）。株僵化补锌。果膨大慢补钾，即每次浇水或摘果1500千克可施45%生物钾24千克，一次施过多产量反而低，按667平方米施45%生物钾100千克产茄果5600千克投入。叶软化补铜，即真、细菌病害轻度时，用硫酸铜、肥皂各50克；中度时用硫酸铜和碳铵各50克；重度时用硫酸铜50克、生石灰40克（分开化同时倒入一容器），兑水14千克，在20℃气温时喷洒，以叶背喷洒为重，防病效果显著。防止磷、氮过多，株果僵化，土壤浓度过大要施地力旺EM生物菌液减肥解害。

防虫 飞虫可在田间挂黄板和晚上开矿灯围黏胶膜诱杀。地下害虫可用麦麸2.5千克炒香，拌糖、敌百虫和醋各500克，傍晚分4～6处放置塑料膜上诱杀，第二天早上捡虫消灭，防止复活，控制虫害。勿用化学农药，防止杀死天敌。

补充二氧化碳 在温室内放2～4个小桶，装入废硫酸，在20～30℃有阳光时投入碳铵，或用二氧化碳固体粉中加水产生气体，将室内浓度由50～80毫克/千克，提高1200毫克/千克。在有机肥充足的情况下，每隔20天左右冲施一次地力旺EM生物菌液分解固态碳，补充二氧化碳和吸纳空气中的二氧化碳（含量300毫克/千克）和有机氮（含量79.1%），可不再采取其他措施补施二氧化碳，能保证果蔓健壮生长。在气温允许和阳光充足的中午11～12时，将棚膜开开合合，让大气中的二氧化碳放入室内，提高产量。按此方法，茄子叶厚、果色好，生长快，可增产0.8～1倍。温度在20℃以下，无光则不施二氧化碳。

吊蔓脱叶 温室越冬栽培茄子秧高达1.8米，在0.6米时，用尼龙绳引蔓，将果下叶片全部摘掉，防止老叶产生乙烯使植株早衰。通风透光，营养不浪费。注意防茎秆折断或果实中钾倒流引起枯叶而减产。

投入产出概算 667平方米产2.5万千克茄果，施牛粪7000千克投入350元，鸡粪2500千克150元，地力旺EM生物菌液体30千克600元，土地费500元，温室用工150个3000元，浇水500元，45%天然矿物钾500千克2500元，温室膜100千克1400元，设施折旧900元，合9900元。2006年9月～2007年9月，产2.51万千克，平均每千克2.3元，收入57 730元。投入产出比为1：5.8，纯收入47 830元。

2. 张守全露地种植茄子667平方米产1.3万千克

吉林省白山市六道江镇下甸子村张守全，2008年秋，在露地种植茄子，施用地力旺EM生物菌液，病少、秧壮，根大有劲，果实水灵，到市场好卖，出售价高，增效明显。

平整土地 清除杂物达到临播标准。

基肥 每667平方米施2000千克鸡粪、每产1万千克果实施干秸秆1200千克或牛粪2000～2500千克配地力旺EM生物菌液1～2千克、加赛众28肥50～70千克、加45%天然矿物钾20千克，稻壳肥100～200千克。按667平方米2.5万千克产量投肥。

品种选择 选用荷兰“布郎”或荷兰“黄白长茄”或

“702”等细长果品种。点播、穴播育苗，667平方米播子量2000～2500粒左右。

定植方法　定植1800～2100株。大行80厘米，小行60厘米，株距45～50厘米，起垄栽培。

追肥　出苗后，按时定苗、中耕除草、喷施叶面肥，幼苗期叶面喷一次1200～1500倍液植物诱导剂，防治病毒病，提高抗逆性；定植时用800倍液的植物诱导剂灌根，促进根蘖力，提高光合强度，控制植株徒长。结果期667平方米施45%矿物钾10～20千克或地力旺EM生物菌液1～2千克，平衡土壤、植物营养，吸收空气中的二氧化碳和氮，分解土壤中的磷、钙等矿物元素，保护有机肥中的营养，供植物均衡吸收，预防各种病害。果实膨大期，叶面喷洒植物修复剂，着色均匀，不空洞，可提高果实风味。

病虫害防治　应符合《绿色食品农药使用准则》，准用苦със碱、植物诱导剂、石灰、硫酸铜制剂，667平方米不超过600克。

浇水　茄子管理中不要缺水，适时适量浇水，方可达到有机产品和高产要求。

收购标准　保留花萼，无创伤，无虫眼，皮色油亮，果长35～40厘米，直径5～7厘米，单果重350～500克。

3. 张胜龙用生物技术种植茄子增产89%技术分析

山西省新绛县古交镇丁村张胜龙种植荷兰长茄，2012年8月下种，10月中旬栽植，667平方米栽2000株，基施生物有机肥120千克、EM生物菌液3千克、玉米干秸秆4000千克、鸡粪

3000千克、定植后用植物诱导剂800倍液灌根一次，基施赛众28钾硅肥50千克，结果期施51%矿物钾200千克。2013年7月份结束，667平方米产茄子1.7万千克，与采用化学技术种植产0.9万千克相比，增产0.8千克，增产89%。其科学种植理念和方法是：

技术来源 “一种有机蔬菜的田间管理方法”国家发明专利。2013年1月9日“一种开发高效有机农作物种植的技术集成方法”获国家发明专利。该项技术成果2012年经国务院《三农发展内参》主任董文奖，中国农科院研究员刘立新、副研究员梁鸣早认定为中国式有机农业种植技术，2013年6月26日在北京通过科技成果鉴定，被鉴定为国内领先技术。

技术产品套餐 碳素有机肥+EM生物菌液+天然矿物钾+植物诱导剂+植物调理保护剂（植物修复素或赛众28矿物剂）。

五要素功能 ①碳素物。作物生长的三大元素是碳（45%）、氢（6%）、氧（45%），占作物体95%左右。生产上按每千克干秸秆供约产小麦、水稻、玉米等粮食0.5千克、产瓜果5千克、产叶菜8～10千克投入。畜禽粪约含水和杂质50%左右，按含碳量约22%计算投入，较秸秆投入增加1倍。草碳、风化煤等按含碳量计算投入。②生物菌液。每克含益生菌20亿个以上的生物菌液，可将有机肥利用率由在杂菌环境中的24%提高到100%，产品就能提高1～3倍。③膨果钾。含钾50%的天然矿物钾，按每100千克产粮食1660千克、产瓜果8000千克、产叶类菜1.2万～1.6万千克计算投入。④植物诱导剂。

能提高作物光合速效率0.5～4倍，产品中各种营养成分提高15%～52%；番茄红素提高53%～75%。可控秧促根和控蔓促果，提高作物抗病毒、真菌、细菌，抗逆能力。⑤植物营养调理素。能愈合病虫害伤口，修复药害植株，打破顶端生长优势，营养向下方果实转移。提高产品甜度1.5～2度，能激活叶片沉睡的细胞，果实丰富漂亮。

用法用量 ①碳素有机肥。每10立方米禽类粪，提前15～20天用2千克EM生物菌液喷洒分解，兑水数量以洒完后地面不流水为度；畜粪、秸秆（粉碎或切成5～10厘米段）施入田间后，667平方米冲施EM生物菌液2～4千克为准；以鸡、牛（秸秆）各50%为好。以利碳氮比达30：1～90：1。粮食作物按667平方米产1000千克投入，需牛、鸡粪各2000千克或鸡粪2000千克加干秸秆500千克；瓜果作物按667平方米产1.5万～2万千克投入，需施鸡、牛粪各0.5万千克，或鸡粪0.5万千克配干秸秆2500千克。当地土壤有机质含量在3%以上、土壤浓度在6000毫克/千克以上，不再施有机碳素肥。②EM生物菌液。沤制碳素有机肥667平方米用量或田间第一次冲施EM生物菌液2～4千克，生长中后期一次随水冲入1～2千克。③钾。有机肥一次基施量超过1万千克不施钾，可施赛众28钾硅调理肥25千克，结果期每次随水冲入含量50%天然矿物钾24千克左右。浇水次数多，一次可少施些；浇水次数少，可多施；当地当季土壤含钾在100～120毫克/千克减半施钾，在200～300毫克/千克不再施钾。④植物引诱剂。将原粉放入塑料或瓷盆内，每50克用500克热水冲开，存放24～48小时，夏秋高温季节兑水60千克，灌根1200株；越冬、早春冷凉季节兑水80千克，灌根1600株，667平方米用原粉75～100克。幼苗期按1200倍液叶面喷洒；定植后，生长前中期可按600～800倍液叶面喷洒，防病、控秧，增产明显。⑤植物调理保护剂。取5千克赛众28钾硅稀土调理肥+1千克食醋兑水15千克水，每3～4小时搅1次，放1～1.5天，再兑30千克水，叶面喷洒，10天1次，能有效预防多种病害，避免白粉虱、蚜虫、黄蜘蛛等害虫危害作物。

生物集成技术的碳素有机肥（牛粪、秸秆或少量鸡粪（每吨35～60元）+EM生物菌（每千克25元）+植物诱导剂（每50克25元）+钾（含量51%每50千克200元）+植物修复素（每粒5～8元）=有机食品技术。

技术分析　张龙胜在种植中生物技术五要素掌握得比较全面灵活，但由于土壤基础条件较差，过去用化学技术栽培作物，产量属于中等偏上水平。这次在使用生物技术种植后，下一年的产量将会有大幅度提高。另外，2013年中国人民解放军总参谋部五十五所农场（北京市）负责人胡锐（15810468896），按牛粪（每667平方米13方）+地力旺生物菌液+赛众28调理肥种植茄子、辣椒、西红柿、荷兰豆、西瓜、生菜、芥兰等多种蔬菜，不用化肥不打化学农药，除黄瓜有轻度霜霉病外，其他作物均无病虫危害，长势鲜嫩漂亮，产品供军干，每千克较市场价高出3倍，如2013年6月26日下午，普通茄子市场价4元/千克，而这种茄子供应价为16元/千克。

第四节　茄子防死秧方案

茄子产量高，多数群众连年种植茄子，但很少有死秧现象，茄子黄萎病系黄萎轮枝孢菌乘植物根茎虚伤而入的一种土传病害，对茄子栽培成败威胁甚大。

当今，多数研究者将注意力集中在寻找特效杀菌剂上来防治黄萎病，而忽视按照植物生理要求和生态环境要素进行管理来防病，笔者通过田间调查和生产实践，总结出“植物病害源于缺素，培育深根植物可增强吸收和协调能力而抗病”。植物染病必然是先有弱伤部位后招病菌侵染，应该使植株生理平衡和利用生态要素来管理，来达到保健防病和高产经验，经检验效果显著，保苗率可达100%。

能影响茄子生育失衡的环境因素是盐、粪、土、氧、水、温、虫等，生理失衡是地上部和地下部不协调；引起病害侵染的主要原因是植物脱水与缺素。

黄萎病的病征　茄子黄萎病又称半边疯、干枯病、黑茎病、凋萎症和死秧，此病以盛果期为重，因这时地上部蒸腾量大，植物易脱水。发病之初心叶变软变黑，自下而上叶片边缘及时脉间变黄，扩展后使半株、整枝或整株的叶片变黄，萎蔫下垂，继而变褐或脱落，叶缘内卷干焦，茎秆褪白变褐。

病因和预防办法　茄子是耐盐耐高温蔬菜，但脱水、缺氧，缺铜、钙、硼是引起生理失衡造成根茎皮腐和枝秆干枯竭变染病的主要原因。栽培管理的注意要素分述如下。

（1）根茎平衡防死秧

茄子根系较发达，但易木质化，在115天根系间歇明显，再生力差，结果期地上部植株庞大，会引起地上、地下生长不平衡而脱水缺素，然后皮腐招菌。预防办法：苗期管理以控水和切方移位，蹲苗、囤苗，促进长深根为工作重点，为以后植株庞大需水量亦大时打下良好的吸收基础，促使根系壮大，控制地上部植株生长。床土配制宜用腐熟牛粪3份、腐植酸肥和磷酸二氢钾少许，保证土壤疏松，根系能伸长；分苗时喷一次700倍液硫酸锌，促进根茎健康；叶面喷一次络铵铜，增强抗病性，培育多根、粗根、长根健壮苗。

（2）生态环境平衡防死秧

盐害、粪害、沙土、缺氧、水害、温害、虫害均可导致植物脱水、根茎皮腐、感染黄萎病害。

盐害：茄子系耐盐碱蔬菜，适宜pH值为7～8，土壤浓度4000～6000毫克/千克，超过1万毫克/千克浓度植株就会出现反渗透而脱水，感染黄萎轮枝孢菌，引起皮腐茎褐而死秧。预放办法：盐碱地注重施牛粪、腐植酸肥解盐，667平方米放石膏80千克降碱。控制化肥和高效有机肥施入量，浇大水、追施菌肥和锌肥促长。

粪害：未腐熟的鸡粪块施入田间，茄根系会被灼伤褐腐引起植株脱水染病死秧，继而随水流淌传染。预防办法：粪肥充分腐熟过筛，在两行苗间沟施，穴施宜深，并与土拌匀。

沙土：土壤过沙，跑水跑肥，水分、营养供应不平衡，遇高温或低温会脱水缺素，致使根茎皱缩，感染病菌。预防办法：增施有机肥，高温期降温，低温期勿缺水受冻，施肥少量多次，注重在叶面补充铜、钙、硼营养素。

缺氧：耕作层底土硬，含氧量达不到19%，不仅会妨碍钾元素的吸收，造成果实个小质劣，而且会因根浅在高温期使植株脱水萎蔫，灼伤根茎感染病害死秧。预防办法：深耕土壤35厘米，增施有机肥。

水害：茄子喜水，但土壤长期积水，植物根系会因缺氧沤根染病，产生中心黄萎病株。预防办法：地整平，起垄定植，田间浇水后以30分钟渗下，耕作层20厘米以下为准，黏土拌沙，及时破板通气。

温害：高温是引起植株脱水缺素的主要原因，低温缺水也会冻伤根茎，从而引起钙、铜、硼移动性降低，引起枝秆缺素皱缩干枯，使病菌从皱缩处侵入。预防办法：高温期遮阳降温，低温期勿缺水受冻，叶面补充钙、铜、硼素营养。

虫害：地下害虫咬伤根系和地面茎，植株水分、养分供应失衡，土传病菌可从伤口侵入，使植株染病枯死。预防办法：将虫害秧及早拔除，以防腐败感病传染。并在伤死秧穴处撒石灰消毒，轻度受伤口抹铜制品消毒愈合，谨防根部灌药浓度过大造成反渗透脱水死秧。

（3）嫁接防死秧

茄子地上部很少染病虫害，好管理、产量高、效益佳，但令广大菜民望而生畏的是茄子根系易感染黄萎病而死秧，连作染病率达30%～50%，减产30%～60%，这是茄子规模化发展的主要障碍。

茄子自生根系不耐湿，pF值以2～2.3为宜，水分吸收范围很窄，根系呼吸及吸氧交换力弱，低水分管理可防止积水缺氧而沤根染病；茄子不耐旱，干旱断根或茎裂口，均可造成染病伤口，所以黏土、积水、虫伤、未腐熟粪均会造成伤根致使真菌、细菌侵入，使植株枯死。别外，茄子根系长期处于13℃以下低地温中，会造成寒根后伤皮染病，显示很强的致病性。

选择砧木嫁接茄子，就是要利用特殊基因耐低温和伤口快速愈合的品性，及对真菌、细菌有较强的免疫性的特点。甘肃省兰州市榆中新技术研究所在这方面的研究取得了突破性进展，经过2000—2007年在当地应用，以砧木8号和水茄嫁接二苠茄和绿茄，保苗率达100%，667平方米产茄果高达15 640千克。其栽培要点是：

砧木比接穗早下种25天。

砧木种子用前在阳光下晒6～8小时。用植物诱导剂2000倍加赤霉素（每克对水10千克）混合液浸泡2天，然后用清水冲洗药液，干净纱布包裹，置于26～30℃催芽，发芽率达95%进行播种。

砧木苗二叶一心时，叶面上喷一次络铵铜或抗枯灵等铜制剂，增强抗病性，分苗或移植在营养钵内，行株距6.5厘米左右；接穗3～4片真叶时，喷一次植物诱导剂，矮化植株，促使秆壮叶厚。

用劈接法嫁接，砧木5～6片真叶，接穗4～5片真叶为标准并结合苗龄嫁接。嫁接前3天，喷一次植物诱导剂，每20克兑水15～20千克叶面喷雾，改变和增强自身基因抗逆性能，提高光合强度和效率，使根系耐寒、耐涝、耐热、耐碱。

留砧木苗下1～2片叶，用刀片横切砧木茎，去掉上半部，再把茎中间劈开，向下纵切1～1.5厘米待夹接穗。茄子苗拔出，保留上部2～3片真叶，用刀片切掉下部，把接穗刀口处削成楔形，楔形大小与砧木口相当，随即将接穗入砧木切口，对齐后用夹子固定。将嫁接苗放入保护地内，盖膜浇水，6～7天不通风，湿度保持95%，温度白天25～26℃，夜间20～22℃。嫁接苗在4天内不见光，第5天逐渐见光，伤口愈合后撤掉覆盖物，通风降湿，进入一般管理。毛细根生长旺盛后及时抹掉砧木侧芽，摘掉夹子。6～7片真叶进行移植，栽后再喷一次植物活化剂，防止地上部徒长，控秧促果。用砧木5号和此法嫁接番茄，效果也佳。

总之，生态环境不平衡，必然导致植物体生理失衡，生长失衡造成伤弱秧，病菌从薄弱破伤部位乘虚而入，导致病害蔓延，植株腐败枯死。生态环境任何一个要素不协调，均会降低植物免疫力和愈伤力。所以，在茄子管理上应从创造和改善生态条件方面来防病，应把握生态平衡要素，围绕防治茄子黄萎病害进行平衡管理。地力旺EM生物菌液能平衡土壤和植株营养，控病抑虫，解除肥害。有害病菌可降低80%。植物诱导剂可增根0.7至1倍，50%生物钾每100千克可供产果6000～8000千克，生态环境平衡，不死秧。

附 录

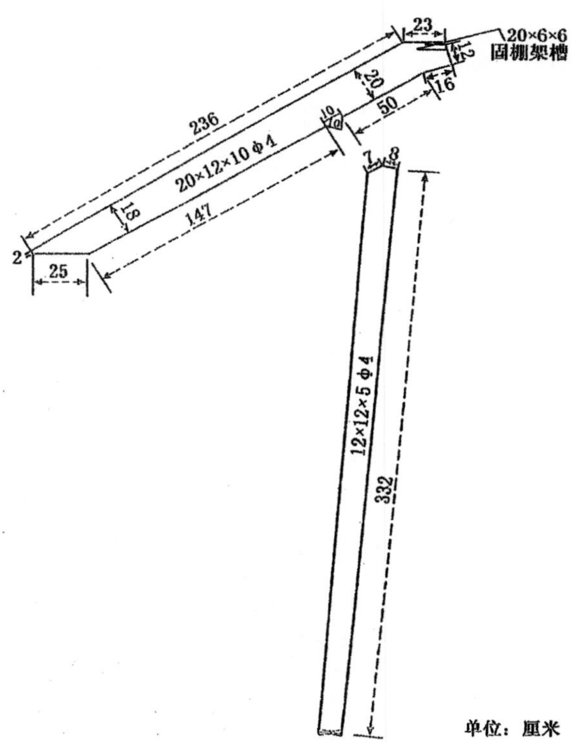

附图1　鸟翼形长后坡矮后墙生态温室预制横梁与支柱构件图

（摘自《有机蔬菜良好操作规范》2007年科学技术文献出版社，马新立著）

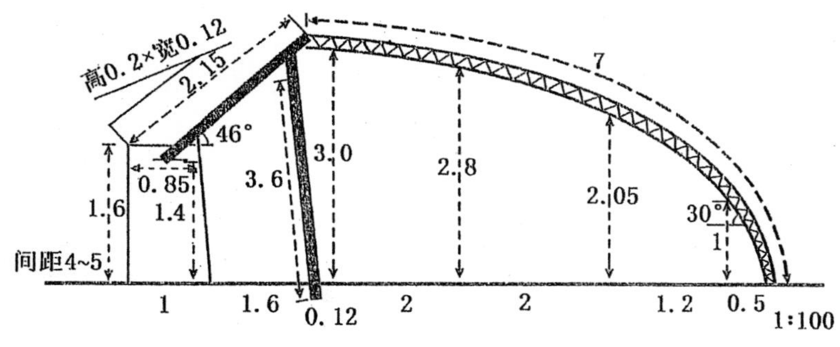

单位：米

注：
上弦：国标管外φ2.5公分（6分管） 下弦：φ12#圆钢 W型减力筋：φ10#圆钢
水泥预制立柱上端马蹄形，往后倾斜30° 水泥预制横梁后坡度46°，上端设固棚架穴槽

附图2 鸟翼形长后坡矮后墙生态温室横切面示意图

特点：冬至前后室温白天可达28～30℃，前半夜18℃左右，后半夜最低12℃左右，适宜栽培各种喜温蔬菜。

结构：后墙矮，仰角大，受光面大。后屋深，冬暖夏凉。棚脊低，升温快。前沿内切角大，散光进入量比琴弦式多17%。跨度适当，安全生产。方位正南偏西7°～9°，冬季日照及光合作用时间增加11%。墙厚1米，抗寒贮热好。后屋内角46°，冬至前后四角可见光。

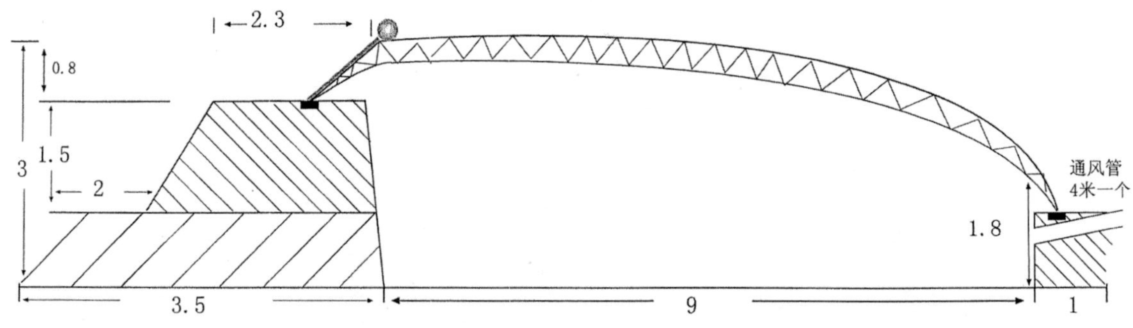

附图3　鸟翼形无支柱半地下式简易温棚横切面示意图

特点：（1）利用率70%；

（2）昼夜温差大，适宜茄子、西红柿、黄瓜、彩椒等瓜果菜，高产优质；

（3）造价是温室的2／3，抗风；

（4）夏天便于通风排湿，适合早春、越夏、早秋栽培各种蔬菜；

（5）微喷滴灌。

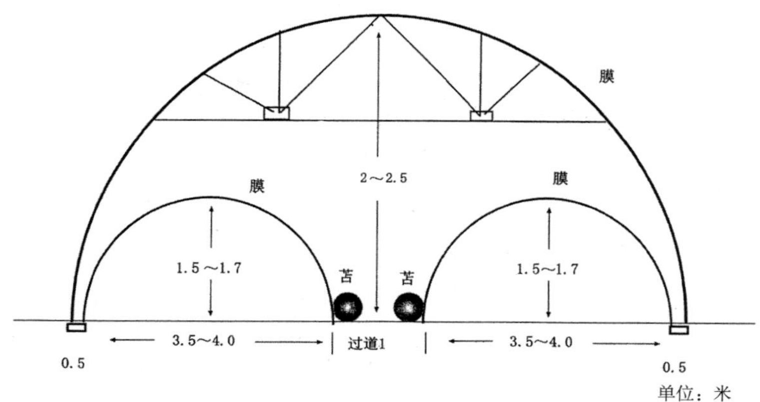

附图4 组装式两膜一苫钢架大棚横切面示意图

特点与用料：（1）南北走向；（2）大棚1寸钢管焊制，长6.5～7米；（3）小棚用厚1厘米，宽3.5～4厘米的竹片。

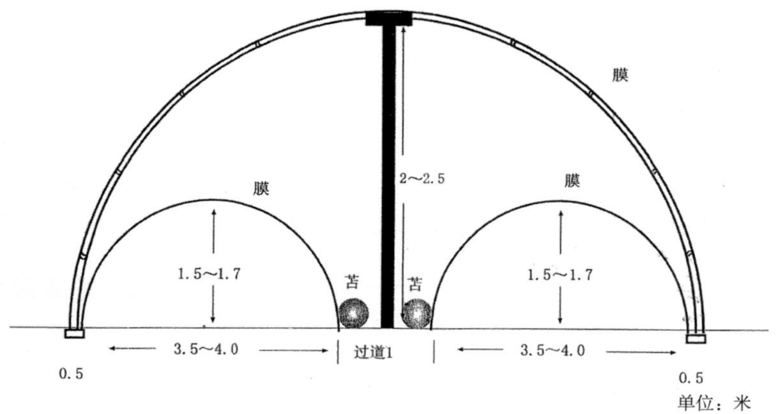

附图5 竹木结构两膜一苫大棚横切面示意图

特点与用料：(1) 南北走向；(2) 大棚竹竿粗头直径10厘米，长6.5～7米；(3) 小棚用厚1厘米，宽3.5～4厘米的竹片；(4) 立柱混凝土预制件10厘米×10厘米，内设4根4.5毫米的冷拔丝。

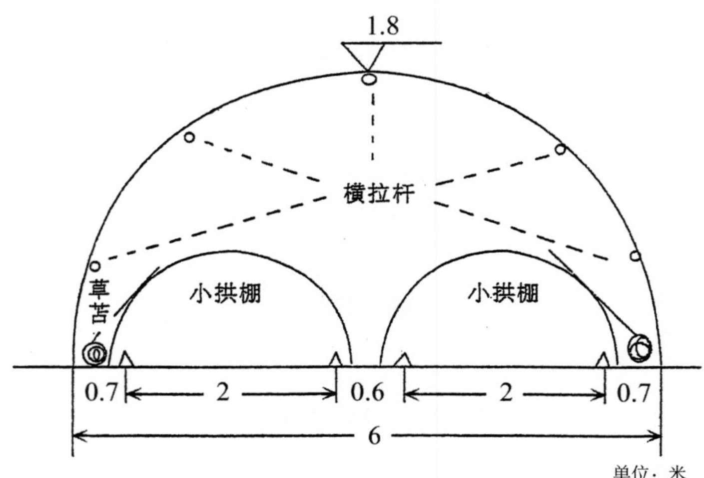

附图6　两膜一苫中棚横切面示意图

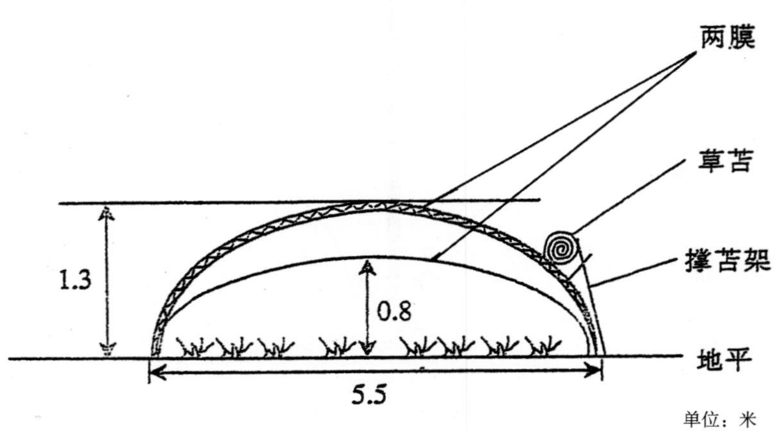

附图7　两膜一苫小棚横切面示意图

附表1 有机肥中的碳、氮、磷、钾含量速查表

肥料名称	碳(C,%)	氮(N,%)	磷(P_2O_5,%)	钾(K_2O,%)
粪肥类				
(干湿有别)				
人粪尿	8	0.60	0.30	0.25
人尿	2	0.50	0.13	0.19
人粪	28	1.04	0.50	0.37
猪粪尿	7	0.48	0.27	0.43
猪尿	2	0.30	0.12	0.00
猪粪	28	0.60	0.40	0.14
猪厩肥	25	0.45	0.21	0.52
牛粪尿	18	0.29	0.17	0.10
牛粪	20～26	0.32	0.21	0.16
牛厩肥	20	0.38	0.18	0.45
羊粪尿	12	0.80	0.50	0.45
羊尿	2	1.68	0.03	2.10
羊粪	12～26	0.65	0.47	0.23
鸡粪	20～25	1.63	1.54	0.85
鸭粪	25	1.00	1.40	0.60
鹅粪	25	0.60	0.50	0.00
蚕粪	37	1.45	0.25	1.11
饼肥类				
菜子饼	40	4.98	2.65	0.97
黄豆饼	40	6.30	0.92	0.12
棉子饼	40	4.10	2.50	0.90
蓖麻饼	40	4.00	1.50	1.90
芝麻饼	40	6.69	0.64	1.20
花生饼	40	6.39	1.10	1.90

续表

肥料名称	碳（C，%）	氮（N，%）	磷（P_2O_5，%）	钾（K_2O，%）
绿肥类				
（老熟至干）				
紫云英	5～45	0.33	0.08	0.23
紫花苜蓿	7～45	0.56	0.18	0.31
大麦青	10～45	0.39	0.08	0.33
小麦秆	27～45	0.48	0.22	0.63
玉米秆	20～4S	0，48	0.22	0.64
稻草秆	22～45	0.63	0.11	0.85
灰肥类				
棉秆灰	（未经分析）	（未经分析）	（未经分析）	3.67
稻草灰	（未经分析）	（未经分析）	1.10	2.69
草木灰	（未经分析）	（未经分析）	2.00	4.00
骨灰	（未经分析）	（未经分析）	40.00	（未经分析）
杂肥类				
鸡毛	40	8.26	（未经分析）	（未经分析）
猪毛	40	9.60	0.21	（未经分析）
腐植酸	40	1.82	1.00	0.80
生物肥	25	3.10	0.80	2.10

注：每千克碳供产瓜果10～20千克、整株可食菜20～40千克，每千克氮供产菜380千克，每千克磷供产瓜果660千克。

附表2 品牌钾对蔬菜的投入产出估算

2010年3月20日

品 名	每袋产量	目前市价	投入产出比
含钾50%的天然矿物钾	每50千克袋可供产瓜果8000千克以上	每袋200元	1：40
含钾33%（含镁20%）（青海产）	每50千克袋可供产瓜果4126千克	每袋200元	1：20
含钾51%的天然矿物钾（新疆产）	每50千克袋可产瓜果8000千克	每袋240元	1：33
含钾52%的纯钾（俄罗斯产）	每50千克袋可产瓜果6700千克	每袋260元	1：25.7
含钾25%（含硅42%，稀土若干）（陕西合阳产）	每25千克袋可产瓜果625千克，硅可避虫，稀土增品质	每袋62元	1：10
含钾26%的膨坐果（含磷）	每8千克袋可产瓜果268千克	每袋20元	1：13.4
含钾20%的稀土高钙钾	每4千克袋可产瓜果122千克	每袋10元	1：12.2
含钾5%的茄果大亨（含氮8%）	每袋2.5千克，叶弱用	每袋7元	宜缺氮时使用
含钾22%的冲施灵（含镁、氮、磷）	每袋5千克，产果139千克	每袋20元	1：6.7

说明：按世界公认每千克纯钾可供产果瓜122千克、菜价按1元／千克计，因用复合生物菌或肥，还可分解土壤中粗粒钾，可吸收空气中的氮，分解土壤和有机肥中的矿物营养。另参考了有机蔬菜禁用化学氮、磷肥的因素。

内容简介

本书由农业科技专家、北京《蔬菜》杂志科技顾问马新立，河南科技学院副教授李贞霞，山西省临汾市尧都区汾河氨基酸厂王天喜以及山西省运城市农民专业合作社副理事长光立虎合著。作者将开发整合的以有机蔬菜生产五大创新技术为核心的技术（即碳素有机肥+地力旺EM生物菌液+钾+植物诱导剂+植物修复素）在全国各地茄子生产上应用，一年一茬667平方米（亩）产2万～2.5万千克。此栽培模式在生产管理中能比过去使用化学技术成本降低30%～50%，产量提高0.5～1倍，而且产品符合有机食品出口标准要求，出口俄罗斯、日本、美国、韩国，并通过香港特区销往中东地区。本书所述有机茄子生产技术流程内容简洁、直观、详实，便于模仿操作，具有较强的先进性、科学性和可行性。

本书适宜广大农民、技术服务者及农资企业管理者参考学习。